엘 리시츠키의 레닌 연설단

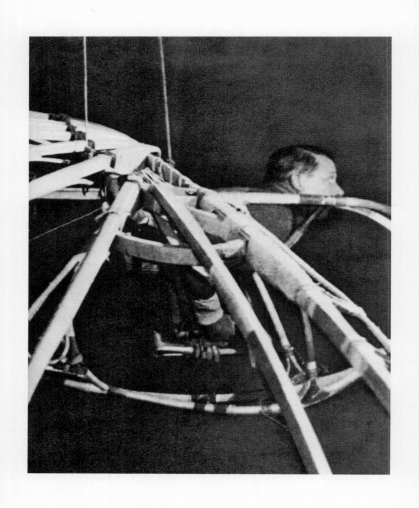

자신이 만든 비행기에 매달린 블라드미르 타틀린

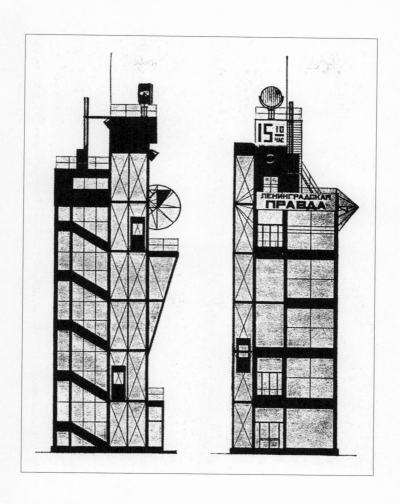

빅토르와 레오니트 베스닌 형제의 레닌그라드 프라우다 계획

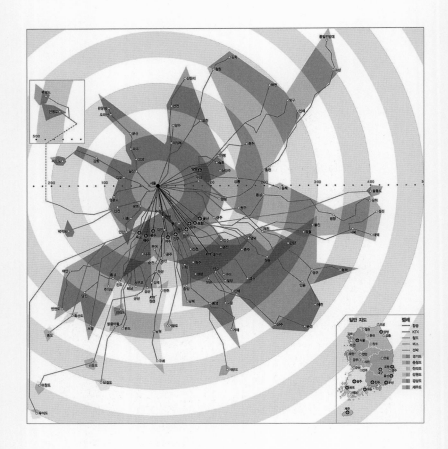

시간거리지도

안토니오 산텔리아가 그린 신도시

투탕카멘의 묘

헤릿 릿펠트의 슈뢰더 주택

마라케시의 제마 엘프나 광장

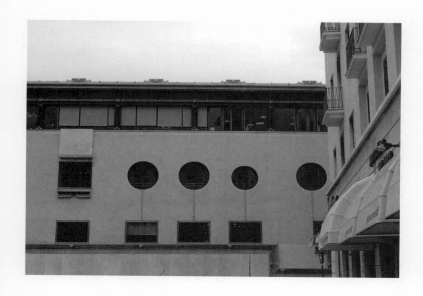

카를로 스카르파의 베로나 국민은행

수정궁

스베레 펜의 헤드마르크 박물관

미스 반 데어 로에의 에소 주유소

네바다 사막의 실험 공동체

미랄레스와 피노스의 이구알라다 묘지

뉴욕 하이라인

노먼 포스터의 르노 배송센터

후지사와시 체육관

시간의 기술

건축강의 9: 시간의 기술

2018년 3월 5일 초판 발행 **O** 2019년 3월 4일 2쇄 발행 **O 지은이** 김광현 **O 펴낸이** 김옥철 **O 주간** 문지숙
책임편집 최은영 **O 편집** 우하경 오혜진 이영주 **O 디자인** 박하얀 **O 디자인 도움** 남수빈 박민수 심현정
진행 도움 건축의장연구실 김진원 성나연 장혜림 **O 커뮤니케이션** 이지은 박지선 **O 영업관리** 강소현
인쇄·제책 한영문화사 **O 펴낸곳** (주)안그라픽스 우10881 경기도 파주시 회동길 125 - 15
전화 031.955.7766(편집) 031.955.7755(고객서비스) **O 팩스** 031.955.7744 **O 이메일** agdesign@ag.co.kr
웹사이트 www.agbook.co.kr **O 등록번호** 제2 - 236(1975.7.7)

이 책의 국립중앙도서관 출판예정도서목록(CIP)은 서지정보유통지원시스템 홈페이지(seoji.nl.go.kr)와
국가자료공동목록시스템(nl.go.kr/kolisnet)에서 이용하실 수 있습니다.
CIP제어번호: CIP2018004239

ISBN 978.89.7059.946.5 (94540)
ISBN 978.89.7059.937.3 (세트) (94540)

시간의 기술

김광현

건축강의

9

안그라픽스

일러두기

건축강의를 시작하며

이 열 권의 '건축강의'는 건축을 전공으로 공부하는 학생, 건축을 일생의 작업으로 여기고 일하는 건축가 그리고 건축이론과 건축의장을 학생에게 가르치는 이들이 좋은 건축에 대해 폭넓고 깊게 생각할 수 있게 되기를 바라며 썼습니다.

좋은 건축이란 누구나 다가갈 수 있고 그 안에서 생활의 진정성을 찾을 수 있습니다. 좋은 건축은 언제나 인간의 근본에서 출발하며 인간의 지속하는 가치를 알고 이 땅에 지어집니다. 명작이 아닌 평범한 건물도 얼마든지 좋은 건축이 될 수 있습니다. 그렇지 않다면 우리 곁에 그렇게 많은 건축물이 있을 필요가 없을 테니까요. 건축설계는 수많은 질문을 하는 창조적 작업입니다. 그릴 뿐만 아니라 말하고, 쓰고, 설득하고, 기술을 도입하며, 법을 따르고, 사람의 신체에 정감을 주도록 예측하는 작업입니다. 설계에 사용하는 트레이싱 페이퍼는 절반이 불투명하고 절반이 투명합니다. 반쯤은 이전 것을 받아들이고 다른 반은 새것으로 고치라는 뜻입니다. '건축의장'은 건축설계의 이러한 과정을 이끌고 사고하며 탐구하는 중심 분야입니다. 건축이 성립하는 조건, 건축을 만드는 사람과 건축 안에 사는 사람의 생각, 인간에 근거를 둔 다양한 설계의 조건을 탐구합니다.

건축학과에서는 많은 과목을 가르치지만 교과서 없이 가르치고 배우는 과목이 하나 있습니다. 바로 '건축의장'이라는 과목입니다. 건축을 공부하기 시작하여 대학에서 가르치는 40년 동안 신기하게도 건축의장이라는 과목에는 사고의 전반을 체계화한 교과서가 없었습니다. 왜 그럴까요?

건축에는 구조나 공간 또는 기능을 따지는 합리적인 측면도 있지만, 정서적이며 비합리적인 측면도 함께 있습니다. 집은 사람이 그 안에서 살아가는 곳이기 때문입니다. 게다가 집은 혼자 사는 곳이 아닙니다. 다른 사람들과 함께 말하고 배우고 일하며 모여 사는 곳입니다. 건축을 잘 파악했다고 생각했지만 사실은 아주 복잡한 이유가 이 때문입니다. 집을 짓는 데에는 건물을 짓고자 하는 사람, 건물을 구상하는 사람, 실제로 짓는 사람, 그 안에 사는 사람 등이 있습니다. 같은 집인데도 이들의 생각과 입장은 제각기 다릅니다.

건축은 시간이 지남에 따라 점점 관심을 두어야 지식이 쌓이고, 갈수록 공부할 것이 늘어납니다. 오늘의 건축과 고대 이집트 건축 그리고 우리의 옛집과 마을이 주는 가치가 지층처럼 함께 쌓여 있습니다. 이렇게 건축은 방대한 지식과 견해와 판단으로 둘러싸여 있어 제한된 강의 시간에 체계적으로 다루기 어렵습니다.

그런데 건축이론 또는 건축의장 교육이 체계적이지 못한 이유는 따로 있습니다. 독창성이라는 이름으로 건축을 자유로이 가르치고 가볍게 배우려는 태도 때문입니다. 이것은 건축을 단편적인 지식, 개인적인 견해, 공허한 논의, 주관적인 판단, 단순한 예측 그리고 종종 현실과는 무관한 사변으로 바라보는 잘못된 풍토를 만듭니다. 이런 이유 때문에 우리는 건축을 깊이 가르치고 배우지 못하고 있습니다.

'건축강의'의 바탕이 된 자료는 1998년부터 2000년까지 3년 동안 15회에 걸쳐 《이상건축》에 연재한 「건축의 기초개념」입니다. 건축을 둘러싼 조건이 아무리 변해도 건축에는 변하지 않는 본질이 있다고 여기고, 이를 건축가 루이스 칸의 사고를 따라 확인하고자 했습니다. 이 책에서 칸을 많이 언급하는 것은 이 때문입니다. 이 자료로 오랫동안 건축의장을 강의했으나 해를 거듭할수록 내용과 분량에서 부족함을 느끼며 완성을 미루어왔습니다. 그러다가 이제야 비로소 이 책들로 정리하게 되었습니다.

'건축강의'는 서른여섯 개의 장으로 건축의장, 건축이론, 건축설계의 주제를 망라하고자 했습니다. 그리고 건축을 설계할 때의 순서를 고려하여 열 권으로 나누었습니다. 대학 강의 내용에 따라 교과서로 선택하여 사용하거나, 대학원 수업이나 세미나 주제에 맞게 골라 읽기를 기대하기 때문입니다. 본의 아니게 또 다른 『건축십서』가 되었습니다.

1권 『건축이라는 가능성』은 건축설계를 할 때 사전에 갖추고 있어야 할 근본적인 입장과 함께 공동성과 시설을 다룹니다.

건축은 공동체의 희망과 기억에서 성립하는 존재이며, 물적인 존재인 동시에 시설의 의미를 되묻는 일에서 시작하기 때문입니다.

2권 『세우는 자, 생각하는 자』는 건축가에 관한 것입니다. 건축가 스스로 갖추어야 할 이론이란 무엇이며 왜 필요한지, 건축가라는 직능이 과연 무엇인지를 묻고 건축가의 가장 큰 과제인 빌딩 타입을 어떻게 숙고해야 하는지를 밝히고자 했습니다.

3권 『거주하는 장소』에서는 건축은 땅에 의지하여 장소를 만들고 장소의 특성을 시각화하므로, 건축물이 서는 땅인 장소와 그곳에서 거주하는 의미를 살펴봅니다. 그리고 장소와 거주를 공동체가 요구하는 공간으로 바라보고, 이를 사람들의 행위와 프로그램으로 해석하였습니다.

4권 『에워싸는 공간』은 건축 공간의 세계 속에서 인간이 정주하는 방식을 고민합니다. 내부와 외부, 인간을 둘러싸는 공간 등과 함께 근대와 현대의 건축 공간, 정보와 건축 공간 등 점차 다양하게 확대되는 건축 공간을 기술하고 있습니다.

5권 『말하는 형태와 빛』에서는 물적 결합 형식인 형태와 함께 형식, 양식, 유형, 의미, 재현, 은유, 상징, 장식 등과 같은 논쟁적인 주제를 공부합니다. 이는 방의 집합과 구성의 문제로 확장됩니다. 또한 건축에 생명을 주는 빛의 존재 형식을 탐구합니다.

6권 『지각하는 신체』는 건축이론의 출발점인 신체에 관해 살펴봅니다. 또 현상으로 지각되는 건축물의 물질과 표면은 어떤 것이며, 시선이 공간과 어떤 관계를 맺는지 공간 속의 신체 운동과 경험을 설명합니다.

7권 『질서의 가능성』은 질서의 산물인 건축물을 이루는 요소의 의미를 생각하고, 물질이 이어지고 쌓이는 구축 방식과 과정을 살펴봅니다. 그리고 건축의 기본 언어인 다양한 기하학의 역할을 분석합니다.

8권 『부분과 전체』는 건축이 수많은 재료, 요소, 부재, 단위 등으로 지어질 수밖에 없는 점에 주목해 부분과 전체의 관계로 논의합니다. 그리고 고전, 근대, 현대 건축에 이르는 설계 방식을 부분에서 전체로, 전체에서 부분으로 상세하게 해석합니다.

9권 『시간의 기술』은 건축을 시간의 지속, 재생, 기억으로 해석합니다. 그리고 속도로 좌우되는 현대도시에 대응하는 지속 가능한 사회의 건축을 살펴봅니다. 이와 함께 건축을 진보시키면서 건축의 표현을 바꾼 기술의 다양한 측면을 정리합니다.

10권 『도시와 풍경』은 건축이 도시를 적극적으로 만든다는 관점에서 건축과 도시의 관계를 해석합니다. 그리고 건축에 대하여 이율배반적이면서 상보적인 배경인 자연을 통해 새로운 건축의 가능성을 찾고, 건축과 자연 사이에서 성립하는 풍경의 건축을 다룹니다.

이 열 권의 책은 오랫동안 나의 건축의장 강의를 들어준 서울대학교 건축학과 학부생과 대학원생 그리고 나와 함께 건축을 연구하고 토론해준 건축의장연구실의 모든 제자가 있었기에 가능했습니다. 더욱이 이 많은 내용을 담은 책이 출판되도록 세심하게 내용을 검토하고 애정을 다해 가꾸어주신 안그라픽스 출판부는 이 책의 가장 큰 협조자였습니다. 큰 감사를 드립니다.

2018년 2월 관악 캠퍼스에서
김광현

서문

건축을 공간의 예술이라고 하지만, 가장 정확하게 표현하면 건축은 '시간의 기술'이다. 이 말은 결코 어려운 개념어가 아니다. 주택을 증개축하는 것, 이것이야말로 시간의 건축이고, 시간의 기술이다. 손대고 고치고 생활이 누적된 누군가의 주택을 증개축한다는 것은 공간을 설계하기 전에 시간을 설계하는 것이다. 증개축을 시간으로 생각하지 않아서 그렇지, 건축의 시간은 늘 아주 가까운 곳에서 얼마든지 발견될 수 있다. 지어진 지 몇백 년 동안 줄곧 서 있는 사찰을 바라보면 그야말로 깊은 시간을 느낀다. 건물만이 아니라 땅, 담장, 담장의 돌, 돌 사이의 풀들, 이 모두에 건축의 시간이 들어 있다. 시간은 내가 무엇을 하든 아무 상관없이 흘러가지만, 시간이 건축을 만나면 흘러 나가지 못하고 건물의 물질 속으로 천천히 흘러 들어가 그 안에 멈춘다. 사람이 하루 중에 가장 많은 시간을 보내는 곳이 집인데, 이렇게 흘러 들어간 시간이 멈추어 매일 건축과 만나는 것이 생활이고 일상이다.

건축을 공간으로 보면 몸이 공간 안에서 머물고 움직이는 것이다. 그런데 건축을 시간으로 본다함은 어떻게 지내고 있는지, 어떻게 변하는지를 생각하는 것이다. 그래서 건축에서 시간은 생활, 일상, 이동, 증축, 리노베이션, 풍화, 지금, 과거와 미래, 성장, 변화, 일시적, 기억, 지속처럼 살아가면서 직면하는, 그야말로 근본적인 질문과 함께 나타난다. 시간으로 건축을 생각하고 설계하는 것은 숨어 있는 비밀을 찾아 풀어내는 매우 흥미로운 작업이다.

근대건축은 순간의 시간에 입각했고, 오늘의 건축은 빠른 속도로 움직이는 도시인의 생활 경험을 깊이 인식하려고 한다. '지속 가능한 건축'이라는 중요한 과제도 그 속을 따지고 보면 결국 지속하는 시간과 경과 속에서 건축을 어떻게 설계해야 하는가를 묻는 것이다. 그러므로 건축가가 생각하는 건축의 시간이 순간의 시간인지, 최신의 시간인지, 움직임에 대한 시간인지, 지속하는 시간인지, 늘 있어 왔던 시간인지에 따라 건축을 대하는 근본적인 태도가 달라진다.

건축의 시간은 나만의 독창적인 건축을 만들기보다 건축이

이 사회에 무엇을 더 할 수 있는지를 묻는다. 그래서 건축의 시간은 건축을 현실과 사회 속으로 들어오게 하고 사회적, 공동체적, 환경 전체의 자산 등에 주목하게 한다.

또한 건축설계는 치밀하고 광범위한 기술의 산물이다. 건축에서 기술은 수단만이 아니다. 기술은 표현한다. 기술은 건축과 아무런 관련 없이 이 시대를 바꾸고 사람의 인식도 변화시킨다. 그래서 건축은 기술을 모델로 삼기도 한다. 건축가는 기술에 대해 말하고 시대를 이끄는 이데올로기의 실천 수단으로 이해하기도 한다.

그런가 하면 기술은 건축과 관련하여 다음처럼 많은 개념을 낳는다. 생산과 관련하여 공업화·기계화·분업화·경량화, 요소와 관련하여 요소화·부품·기능 분화, 재료와 관련하여 균질·투명·비물질, 사회와 관련하여 상품화·자본주의화·대량생산, 기술 수준과 관련하여 하이테크·로테크·환경제어 등 수많은 개념이 있다. 이 모두가 설계와 관련되어 있다. 이 책 『시간의 기술』에서는 건축에 대해 기술이 얼마나 할 일이 많은지를 여러 개념어로 설명하고자 했다.

나무는 인류가 최초로 건물을 짓기 시작했을 때 사용되었고, 흙집에는 지금도 세계 인구의 30퍼센트인 약 15억의 인구가 살고 있으며, 벽돌은 8,000년 동안 사용되어 왔고, 콘크리트는 고대 로마시대부터, 철골 구조는 18세기부터 사용되어 왔다. 건축은 첨단기술로 그려지고 생각하고 지어지고 적용된다. 인류 최초의 재료, 8,000년 전의 재료, 고대 로마시대부터의 재료, 18세기에 생긴 재료가 한 건물에 사용된다. 건축이야말로 인간이 개발한 모든 기술과 재료가 시간과 함께 모이는 '큰 기술'이다.

1장 건축과 시간

2장   건축과 기술

1장

건축과 시간

건축에서 경험되는 공간과 시간을 편하게
말하면 그것은 '여기'와 '저기'이며
'아까'와 '지금'이다.

시간의 두 모습

순환시간과 직선시간

사람이 살아가는 데에는 서로 다른 두 가지 시간이 있다. 하나는 순환하는 시간의 경험이고, 다른 하나는 선적인 시간의 경험이다. 때가 되면 다시 나타나며 순환하는 시간을 '순환시간循環時間'이라고 한다. 인간은 문화를 갖게 되면서 자연으로부터 시간을 잘라내고, 나눈 시간 속에서 자연을 선택하고, 농사에 적절한 시기를 발견했다. 계절이 반복된다든지 강의 시간표가 일주일마다 같은 시간에 되풀이되는 경험이다. 이런 경험에서는 시작이 있으면 마침이 있고, 그 마침에서 다시 새롭게 시작한다. 이런 시간은 생활에 리듬을 준다.

순환시간은 메소포타미아나 이집트에서 1년을 구분하고 죽음과 재생을 반복하는 시간을 가지고 있었다. 또한 이슬람은 하루에 다섯 번 기도해야 한다. 이 기도 시간은 햇빛과 그림자로 정해진다. 새벽에는 동녘 지평선의 희미한 빛줄기가 비추어 태양이 뜰 때까지, 정오에는 태양이 하늘 꼭대기에서 내려오기 시작하여 그림자 길이가 실제 길이와 같아질 때까지, 그러다가 저녁에는 태양이 지평선 밑으로 내려간 다음부터 붉은 노을빛이 완전히 자취를 감출 때까지를 말한다. 이렇게 순환하는 생활의 시간 속에서 그들에게 모스크는 사람들이 같은 시간에 모여 기도를 바치고 살아가는 생활공간의 연장이며, 기도를 바친 뒤에는 친분이 있는 사람들이 모여 이야기를 나누는 일상의 공간이다.

선적으로 경험하는 시간은 '직선시간直線時間'이다. 이 시간은 어떤 사람에게나 사건이 자기에게 선적으로 일어난다. 어렸을 때의 경험은 지금까지 직선으로 이어지며 기억된다. 한 해 한 해는 직선으로 나타났다가 사라진다. 과거와 현재와 미래가 직선 위에 같은 간격으로 늘어선다. 지금은 불완전하지만 미래를 완전한 시간이라고 여기는 시간 개념이다.

바실리카basilica는 고대 로마에서 많은 사람이 사용하던 집회장이었다. 그곳에서는 재판도 열렸다. 입구는 두 개의 긴 변 중에서 만들어졌다. 입구를 통해 안으로 들어가면 내부는 좌우로 균등하게 존재한다. 사람이 안에 들어가서 어느 쪽으로 먼저 가고 그다음 어느 쪽으로 갈까는 선택적이었다. 그러나 그리스도 교회는 기존에 있었던 로마의 바실리카를 이용하면서도 같은 평면의 짧은 변에서 재판석이 놓이는 원형제단apse을 향하는 직선운동으로 바꾸었다. 사람들은 일단 그곳에 들어오면 가장 깊은 곳에 있는 제단을 향해 직진해야 한다.

고대 로마 사람들과 그리스도교 신자들이 같은 모양의 평면을 두고 달리 사용한 것은 시간관념에 대한 헬레니즘hellenism 문화와 헤브라이즘hebrism 문화의 차이 때문이다. 헬레니즘에서는 처음과 끝이 없이 영원히 순환하는 것을 시간이라고 생각했다. 그러나 헤브라이즘에 영향을 받은 그리스도교에서 시간은 이쪽에서 저쪽으로 가는 직선적 시간이다. 하느님은 천지를 창조하였고 종말의 때가 있다는 시간관념을 가지고 있다.

그런데 오래전부터 이와는 다른 두 가지 시간 개념이 있었다. 그리스어로 '때'를 나타내는 말 'kairos, καιρός카이로스'와 'chronos, χρόνος크로노스'가 그것이다. 카이로스는 결정적인 시각時刻, 인간의 주관적 시간을, 크로노스는 과거에서 미래로 일정한 속도와 방향을 가지고 흐르는 연속적 시간을 가리킨다. "카이로스는 희망을 가져다 주고 크로노스는 응징을 준다."라는 말처럼 카이로스는 기회의 신神이었으므로 사람들이 주관적으로 파악하는 한 순간의 시간이지만, 크로노스는 그리스의 시간의 신이다. 카이로스는 자기에게 주어진 좋은 기회 또는 행복한 순간이고, 크로노스는 끝이 없는 시간이다. 원환 시간과 직선 시간, 카이로스와 크로노스처럼 건축에도 사람이 신체로 체험하는 시간과 흘러가는 시간이 함께 있다.

'직선시간'은 20세기 근대화 과정에서 미래를 향해 계획한다는 사고방식을 낳았고 우리의 생활 전체를 지배하게 되었다. 그러나 20세기 말에 이르러 근대의 틀을 만든 시간의 개념이 크게 흔들렸다. 사진이나 텔레비전, 영화나 휴대전화와 같은 미디어가 나타나 널리 보급되자, 직선시간의 개념에 큰 변동이 생긴 것이다. 공간과 시간은 서로 다른 차원인데, 예를 들면 사진은 과거를 기록하여 현재에 물질로 보여줌으로써 공간과 시간은 나뉘지 않고 지각의 전체 영역 안에 들어오게 되었다.

그러나 오늘을 사는 우리는 인디언의 시간을 한번쯤 잘 생각해볼 필요가 있다. 인디언에게 시간은 직선이 아니었다. 그들은 오늘도 있고 내일도 있다고 여기며 미래에 집착하지 않고 오늘에 충실했다. 그래서 인디언의 언어에는 과거나 미래를 나타내는 동사 변화가 없다. 과테말라 키체Quiché 인디언의 시간에는 축제와 일상이 결합되어 있어서 축제를 중심으로 사건을 기억한다. 축제란 오늘의 시간이다. 그런 탓에 그들에게는 시간이 시작하고 마친다는 관념이 없었다. 그 대신 날에는 제각기 특별한 의미가 있으며, 그날에 맞는 행동을 했다.

오스트레일리아 애버리지니Aborigine 문화에서는 '드림타임 Dreamtime'이라는 천지창조의 신화가 있다. 여기에서 드림dream이란 꿈이 아니라 생활하다, 길을 떠난다는 뜻이다. 사람이 길을 떠나면 발자국을 남기듯이 에너지와 정신을 남긴다고 믿는다. 이들은 이러한 에너지와 정신을 남기는 행위를 '드리밍dreaming'으로, 그 드리밍이 행해지는 시간을 '드림타임'이라고 부른다. 이들에게는 과거와 미래라는 시간개념이 없다. 지금도 이들은 몇 시에 만난다든지, 몇 시에서 몇 시까지 일을 한다는 식의 개념을 모른다. 그 대신 그들이 기다리는 것은 조상에게서 전해오는 '드림타임'이라고 하는 천지창조의 신화다. 이 신화는 먼 옛일이 아니며 현재에도 미래에도 계속된다고 생각한다.

이런 토착민의 시간 없는 시간이 무슨 의미가 있겠느냐고 반문할지 모르겠다. 그러나 이것은 '시간 밖의 시간'이며, 직선이 아니라 사방으로 시간이 뻗어 나가며 생활과 함께 다원적으로 생성하는 시간이다. 어쩌면 오늘 우리가 살아가면서 되찾아야 할 원초적 시간일지도 모른다. 매일을 똑같은 값을 매겨 숫자로 배열한 시간이 아니라 오늘, 지금 이 시간의 고유함을 느끼며 현재를 조화롭게 사는 것이다. 이런 시간은 던져진 시간을 쫓아가는 것이 아니라 오늘의 생활을 창조하는 것이다.

지금과 여기

현재를 미래로 잇는 건축

근대건축에서 생각한 시간은 아직 오지 않았으나 다가오는 미래를 현재 속에 담으려 했다. 현재가 미래로 이어지는 것이 아니라, 반대로 미래를 현재 속에 넣으려 한 것이다. 그런 탓에 현대인은 근대주의를 이어받아 직선시간의 미래에 집착한다. 근대건축은 다가올 미래의 새로운 건축이어야 했으므로 기억을 배제하고 모든 것을 일률적으로 정리하고자 했다. 근대건축은 과거의 건축과 헤어지기 위해 새로운 '이즘ism'을 만들었다. 사보아 주택Villa Savoye처럼 사각형인 방과 유리창이 연속하는 건물을 도로를 따라 길게 늘어놓는 건축으로 새로운 이즘을 만들어야 한다고 주장했다. 그렇지만 사람의 생활이란 창 하나, 방 하나에도 과거의 기억이 들어가는 연속적인 것이다.

인도 자이나교jainism 사람들은 사람이 살지 않는, 신을 위한, 썩지 않는 도시를 만들었다. 그런데 이것이 자이나교 사람만 한 일인가? 근대인들도 그랬다. 계속 갱신하고 새로워지는 도시를 그리는 오늘날의 건축가들이 생각하는 도시계획이고 단지계획이다. 이런 계획에서는 썩는 것이 없고 새로워지기만 한다. 그러나 인간의 도시는 시간의 흐름과 함께 계속 살아가야 하는 시간 속의 도시를 살게 되어 있다.

그렇지만 지금은 이런 생각에 변화가 나타나고 있다. 지금을 미래로 끌고 가는 것이 아니라, 반대로 지금 하고 있는 것을 미래로 가지고 간다는 생각이다. 현재 다소 부족할지 모르지만 우리의 거리에 있는 것을 자라게 하여 이를 미래에 잇겠다고 생각한다. 현재에서 출발한 미래다.

과거가 퇴적되어 오늘의 이 도시가 생겼듯이, 미래의 도시는 오늘의 건축이 퇴적되어 생길 것이다. 미래는 확실하지 않다. 그러나 현재 우리의 도시에 있었던 과거도 완전하게 알지 못한다. 과거가 우리의 상상 속에 있듯이 미래도 우리의 상상 속에 있다. 우리의 도시가 고유한 풍토와 사회의 역사적 발전에 대응하여 생긴 산물이듯이, 미래 도시도 똑같이 그에 대응하여 생겨날 것이다. 현재는 언제나 미래를 담고 있다.

우리는 먼 과거에 대해 가치를 부여하며, 미래에도 희망을 투영해본다. 그렇지만 현재, 지금에 대해서는 어떤가? 사람은 젊었을 때 보았던 마을, 건물, 장소, 자리, 사물을 기억한다. 그뿐인가? 사람은 한 번도 본 적이 없고 살아본 적도 없는 동굴까지 기억하며 사는 존재다. 동굴을 기억하는 것과 내가 언젠가 본 것을 기억하는 것은 같지 않다. 이 두 기억은 서로 다르다. 그런데도 저 먼 두 과거는 지금 여기에 같이 있다. 기억한다는 것은 단지 과거를 회상하는 것이 아니다. 지금 여기에서 이전의 그곳을 보는 것이다. 그래서 인간의 경험에 바탕을 둔 '지금'과 '여기'에서 과거와 미래가 나타난다.

공간과 시간을 살아나가면 그것은 '여기'와 '저기'이며 '아까'와 '지금'이다. 이렇듯 '여기'와 '지금'은 가장 근본적인 인간의 공간과 시간 개념이다. 루이스 칸Louis Kahn이 말한 바와 같이, 지금 여기에 있는 사물만이 존재 의지를 드러낸다. "오늘날에는 기회가 주어지기만 하면, 사물을 지금과는 완전히 달리 보이게 하려는 사람들이 있습니다. 그러나 그런 기회는 있을 수 없습니다. 왜냐하면 그들이 생각하고 있는, 말하자면 현실을 떠난 것은 그 사물 자체의 존재 의지가 없기 때문입니다."[2] 사물이든 사람이든 제각기 이 세상에 존재하고 싶어 하는 의지가 다름 아닌 지금에 있다.

대개 시간은 끈이나 물의 흐름과 같은 이미지로 받아들인다. 그리고 시간을 실체적인 것으로 객관화한다. 그런데 현상학적으로 파악하면 시간은 실체적인 것으로 존재하는 것이 아니다. 시간은 자신의 실존과 관계하면서 스스로 생성된다. 과거라는 실체적인 시간이 있는 것이 아니며, 과거는 자신이 이제까지 어떤 존재

였는가에 대한 자기 이해이며 표상이다. 그렇기 때문에 과거는 자신이 무엇이었는지를 받아들여 이제부터 무엇을 해야 하는지 떠오르게 해준다. 마찬가지로 미래도 현재가 흘러가다 보면 닥치게 되는 시간이 아니다. 미래는 자신이 무엇일 수 있는가 하는 가능성의 표상이다.

독일 철학자 마르틴 하이데거Martin Heidegger는 '과거·현재·미래'라는 통상의 개념을 지우고, 미래를 도래到來라고 말한다. 또 과거는 '이미 존재하고 있던 그대로'라고 해서 '기재旣在'라고 부른다. '도래'란 어떤 시기나 기회가 닥쳐오는, 그래서 자신을 지향하는 가능성이며, 이제까지의 자신을 떠맡는 것이다. 그래서 현재는 '도래'와 '기재'가 만나는 현존의 현장이다. 자신이 무엇이었는지를 알고 새로운 가능성을 향해 살고자 하는 것이야말로 지금현재을 생성한다는 것이다.

하루 만에 오래된 건물이 다 없어지고 한꺼번에 새 건물이 지어진 도시는 가능하지도 않으며, 결코 좋은 도시가 될 수도 없다. 도시는 매우 느리게 변하면서 그 안에 오래된 많은 건축물을 담고 있다. 도시란 과거와 현재와 미래를 밀도 있게 퇴적해가는 것이다. 따라서 도시연구자 케빈 린치Kevin Lynch가 "이 장소의 시간은 언제일까?What time is this place?"³ 하며 물었듯이 도시에 대해서도 똑같이 물을 수 있어야 한다.

건축가 아모스 라포포트Amos Rapoport는 이렇게 말한다. "역사적으로 접근하는 배경에는 과거에서 배울 수 있다는 가정이 있다. 가정假定은 과거에서 배울 수 있다는 것이다. 과거를 연구하는 것은 사물이 복잡하게 겹쳐 있음을 인식하게 해줄 뿐만 아니라 철학적으로도 가치 있기 때문이다. 이것은 변하지 않는 요소와 변하는 요소를 명확하게 해줄 수도 있다. '분별없이 미래로 돌진하는 끊임없는 전주곡처럼 너무나 평범한 것을 한때 피해보는 데 도움을 주는 풍부한 시간을 사람은 필요로 한다.' 그러므로 우리는 지나가버린 과거의 모든 것과 갑자기 결별하거나, 과거가 우리나 우리의 문제와 달라서 우리에게 교훈이 안 된다고 가정할 수 없다.

기술은 향상할 수 있겠으나 건축은 반드시 그렇지 않다."[4] 이는 건축이란 과거에서 배운 존재이고, 현재를 살아가는 존재이며, 미래에도 함께 사용하여야 할 것이라는 뜻이다.

그러나 오늘을 사는 우리가 미래의 건축과 도시를 완전히 예상할 수 있다 해도 그것은 그리 중요하지 않다. 중국의 오랜 조원서造園書에 이런 말이 있다고 한다. "사람은 1,000년 뒤에 남길 것을 만들 수 있다. 그러나 100년 뒤의 사람들이 어떤 사람인지 알 수 있는 사람은 한 사람도 없다. 때문에 지금 즐거움과 쉼을 주는 장소를 만들면 그것으로 충분하다." 건축을 설계하고 지으며 도시를 생각하는 이에게는 지금, 현재 우리가 살고 있는 곳이라는 감각이 중요하다.

일상과 소중함

지하철이 정해진 시간에 도착하지 않으면 사람은 초조해한다. 늘 있던 것이 사라지고, 어제 있던 것이 오늘 없어져 버린다면 그것은 생활공간이 아니다. 생활공간에는 변화하는 것과 오래 지속하는 것이 함께 있다. 늘 만나던 사람과 다시 만나야 하고, 열차나 지하철도 제시간에 잘 와야 한다. '지금'이라는 시간은 '일상日常' 안에 있으며, '일상'이 지속되는 곳이 생활공간이다. 사람에게 늘 반복되는 일상이 중요한 이유는 단순하다.

일상의 세계는 사람들이 보편적 시간을 공유하고 있기 때문에 성립한다. 이 시간을 공유하지 않는다면 지하철이 정해진 시간에 도착하지 않아도 아무도 탓하지 않게 된다. 생활공간은 변하지 않는 것이 많아야 안정된다. 그런데도 어느새 건물은 새로 서고, 잘 알던 골목이 큰길로 변하는 등 생활환경은 너무 쉽게 바뀌어간다.

테베Thebes에 있는 이집트 신왕조시대의 분묘군은 땅 위에서는 아무것도 안 보이게 완전히 묻혀 있다. 그중에는 20세기까지 발견되지 않은 채 유일하게 남아 있던 투탕카멘Tutankhamun의 묘*도 있다. 입구에 들어가 긴 길과 계단을 타고 내려가면 전실前室이 나오고, 그 옆 벽에는 부조가 그려져 있으며, 이를 지나면 현실玄

室이 나타난다. 지금은 도굴되어 다 없어졌지만 파라오들의 죽은 묘 안에는 부장품을 함께 넣었다. 그들은 주검 옆에 부장품을 왜 넣었을까? 파라오들은 죽음으로 완전히 소멸되지 않는다고 믿었기에 미래를 위한 묘를 지었다. 이 분묘는 시체를 담아두는 공간이 아니며, 부장품은 그들이 살아 있었을 때의 생활을 후대에 보여주기 위해 담아둔 것이 아니다. 그것은 그들이 죽은 뒤 다시 살아나 오늘과 똑같은 일상생활을 할 수 있게 건설된 것이다.

미래의 건축이라고 하면 아마도 첨단 기술로 완비된 건축을 머리에 떠올릴 것이다. 그러나 파라오에게 미래란 그런 것이 아니라 상상의 공간이었다. 파라오들의 묘는 미래 자체이며 미래 도시였다. 그들의 일상생활을 재현해서라도 죽은 이들에게 미래를 구체적으로 보여주고자 한 것이다. 이러한 상상의 미래 공간에 죽어 있는 그들이 다시 태어나 살아 있을 때의 일상생활을 담고 있었음은, 오늘의 일상생활이 미래에도 계속됨을 가르쳐준다.

장소가 나를 중심으로 펼쳐지는 것으로 인식되듯이 시간도 나를 중심으로 펼쳐진다. 시간은 현재로부터 가까운 과거로, 가까운 미래로 확장되어 있다. 지금, 현재는 어떤 폭을 지니고 있다. 가까운 과거에 일어났던 사건, 의식, 기억 등은 현재에 속한 것이고 가까운 미래에 속한 것이다. 지금을 일상이라고 부른다면, 일상은 가까운 과거와 가까운 미래에 걸친 시간이다. 따라서 지금, 현재의 일상에 대한 경험과 소중함 없이 과거와 미래의 시간은 생기지 않는다.

지금을 기점으로 1년 전, 10년 전의 과거가 있고, 지금을 기점으로 1년 뒤, 10년 뒤의 미래가 있다. 그렇다면 지금을 기점으로 1년 전, 10년 전의 과거에서 바라보는 건축과 도시가 있고, 지금을 기점으로 1년 뒤, 10년 뒤의 미래에서 바라보는 건축과 도시가 있다. 이제까지 우리는 건축이나 도시를 두고 지금부터 앞으로 다가올 시간에 대해서만 계획했다. 그러나 이제부터는 지금을 기점으로 50년 전, 100년 전의 과거로부터, 또 지금을 기점으로 50년 뒤, 100년 뒤의 시간에 대한 계획으로 사고가 바뀌어야 한다.

이제는 그 '지금'이 바짝 다가와 있다. 이제까지 사람들은 얼굴과 얼굴을 맞대며 이야기해왔다. 신체가 커뮤니케이션을 구성해온 것이다. 그런데 이제는 첨단의 미디어가 개입되면서 조금 전 상대방의 말이 조금 전에 말한 것인지, 훨씬 이전에 말한 것인지, 아니면 앞으로 말할 것인지를 같은 차원에서 요약한다. 한때 해체되었던 사건과 현상과 공간이 다시 신체에도 밀착하게 되었다.

경우와 지속
경우, 인간의 시간

건축을 하는 사람은 '사이'라는 말을 좋아하며, '공간·시간·인간'이라는 말도 잘 사용한다. 이 세 용어에는 모두 무엇과 무엇 사이를 뜻하는 '간間'이라는 글자가 있다. 그런데 시간에는 두 종류가 있고, 사이에도 두 종류가 있다. 경제활동을 하려면 전 세계 사람들이 공유하도록 시계로 잰 시간이 있다. 이런 시간은 현재, 현재, 현재……라는 순간으로 잘린 외재적인 현재의 합이다. 그러나 사람은 어떤 장소에 살면서 흘러가는 강물처럼 시간을 의식한다. 주체인 나의 시간은 객체와 분리할 수 없으며 실제보다 길게도 느껴지고 짧게도 느껴진다. 또한 이것은 인간의 의식으로 상황과 체험이 함께하는 내재적인 시간이다. 이런 시간은 시계로 잴 수 없다.

　사람은 건축물 안에서 '경우occasion'로 시간을 경험한다. 건축의 시간은 '경우'다. '경우'란 무언가가 일어나는 시간, 무엇이 어떻게 놓여 있는 조건, 또는 무엇이 어떻게 놓이게 된 형편, 상태, 사정을 말한다. 그러면 때와 경우는 어떻게 다른가? 예를 들면 "프랑스 요릿집에 가는데 어떤 옷을 입으면 좋을까?" 하고 물으면, 대답은 때로 말하든지 경우로 말하든지 둘 중의 하나다. '때'란 점심 먹으러 가는가, 아니면 저녁 식사를 하러 가는가 하는 시간에 관한 것이다. 그러나 '경우'는 누구와 가는가, 데이트하러 가는가, 친구끼리 가는가, 일하러 가는가 하는 상황에 관한 것이다. 그때의 시간과 그때의 상황은 다르다. 그런데 크게 보면 '경우' 안에 '때'가 있다. 다만 '경우'는 '때' 이외의 상황을 상정한다. "울고 있을 때가 아니다"는 시간을 말하지만, "울고 있을 경우가 아니다"는 울고 있을 상황이 아니라는 뜻이다. '경우'는 상황 전체다.

　　네덜란드 건축가 알도 반 에이크Aldo van Eyck는 1960년 〈장소와 경우Place and Occasion〉라는 글에서 지그프리트 기디온 Siegfried Giedion의 추상적인 공간과 시간이 아니라 구체적인 '장소'와 '경우'에 대해 말했다. 이 글은 앞서 '장소'를 논의하며 인용한 바 있다. "공간은 인간을 위한 여지를 갖고 있지 못하고, 시간은 인간을 위한 순간을 갖고 있지 못하다. 인간이 소외되어 있다. …… 시간과 공간이 어떤 의미를 가지고 있어도 장소와 경우는 더욱 큰 의미를 가지고 있다. 인간을 포함한, 곧 인간의 '홈커밍homecoming'을 돕기 위해서는 이러한 의미에 인간적인 것이 도입되어야 한다. 공간과 시간이 어떤 것이든지 장소와 경우는 더 많은 것을 의미한다. 인간의 이미지 안에 있는 공간이 '장소'이며, 인간의 이미지 안에 있는 시간이 '경우'다. …… 인간은 호흡한다. 건축이 똑같이 호흡하는 것은 언제일까?"[5]

　　'경우'는 "인간의 이미지 안에 있는 시간", 인간적인 의미를 회복한 시간이다. 그는 '문의 리얼리티'를 이렇게 묘사했다. "제일 먼저 들어왔을 때부터 제일 마지막에 나갈 때까지의 사이, 일생 동안 수백만 번 되풀이하게 되는 하나의 경우를 위해 만들어진 하나의 장소." 이것은 내 방과 같은 곳에서 일어나는 상황을 말한다. 이 장소에서는 여러 가지 일이 일어난다. 책상 앞에 앉아 공부를 하고, 밖을 내다보고 차를 마시고 졸기도 한다. 그러나 이러한 일들이 아무리 수없이 일어나도 그 행동 자체는 어떤 한 가지 경우다. 이 방에 처음으로 문을 열고 들어와 머물다가 마지막으로 문을 열고 나가기까지란, 이 방으로 사용하기 시작해서 이사를 가거나 세상을 떠나게 되기까지 보낸 시간이다. 그 시간에 일생 동안 수백만 번 거의 같은 일을 되풀이한다.

　　그러나 그 시간 속에는 늘 하나의 경우가 있다. 이는 문으로 들어왔다가 머물고, 머물다가 나가는 사람의 구체적인 행위를 말한다. 따라서 이 경우는 손으로 만질 수 있고 가까이 갈 수 있는 것에 포함된 경험의 시간이며, 늘 하나밖에 없는 시간이다. 그는 이에 대해 "인간의 이미지 안에 있는 시간"이라고 했고, '문의 리얼리티'라고 했다.

에이크는 시간과 경우를 시계와 마음심장으로 빗대어 묘사했다. 시계는 시간을 새긴 것이지만, 마음은 내적인 경험이다. 심장 박동은 때로는 빠르고 때로는 느려지고 반복되는 것이지 일정하고 불변한 것이 아니다. 심장 박동은 80년을 산다고 가정하면 일생 동안 30억 번 똑같이 되풀이하지만, 한 번의 박동은 그 시간 속에 늘 하나의 경우다. 앞의 시간은 시계로 재는 시간이지만, 뒤의 시간은 생명이라고 느끼는 시간이다. 시계로 잰 시간은 어디에서 어떻게 언제든지 변함이 없는 시간이지만, 박동의 시간은 언제나 변함없이 변화를 계속하는 시간이다.

지속, 건축의 시간

아마도 "언제나 변함이 없다."와 "언제나 변함없이 변화한다."는 '언제나'라는 말이 들어 있어서 구분이 쉽지 않을 것이다. 그러나 이렇게 생각하면 된다. 우리의 몸은 언제나 변화하고 있으니 언제나 똑같지 않다. 자연은 끊임없이 나뭇잎을 떨어뜨리고 산에는 물이 흐르며 작은 홍수가 되풀이되어 평야를 이룬다. 사람은 집에서 매일 아침 일어나고 잠자리에 든다. 그렇다고 해서 매일 똑같은 행동을 하며 사는 경우는 한 번도 없다. 매일매일 다른 일이 일어나고 가족과 다른 이야기를 나눈다. 같은 침실이라고 해도 매일 똑같은 침실이 아니고, 같은 식탁이라고 해도 매일 똑같은 감정을 느끼는 식탁이 아니다. 도시도 마찬가지다. 언제나 변화하고 있다.

에이크는 "현재를 과거와 미래 사이를 옮겨 가는 1차원적인 순간으로 이해해서는 안 된다. 또 이미 존재하지 않는 것과 아직 존재하지 않는 것what is no longer and not yet is 사이를 옮겨 가는 전선前線도 아니다. 현재란 의식의 연속체 안을 옮겨 간다. 경험된 시간적인 스팬time-span으로 이해되어야 하며, 그래서 이 연속체 과거와 미래가 안에서 모인다."[6]라고 말한다. 현재에는 과거가 있고 미래가 이어져 있다는 뜻이다. 현실의 도시에서도 마찬가지다. 도시야 말로 수많은 과거가 현재에 있다. 건물도 단순한 건조물이 아니라 그 자체로 사람들이 살아온 시간을 안고 있다.

지속은 어떤 상태가 중단되지 않고 간직되고 계속되는 것을 말한다. 물방울이 돌을 뚫는다든지 연륜이 쌓인다든지 하는 것은 지속을 뜻한다. 지속되는 시간은 있는 그대로 알아들을 수 없다. 물방울이 돌을 뚫는 공간이나 쌓이는 시간은 지속을 나타낸다. 건물에서의 시간도 마찬가지다. 건물은 하루 24시간 동안 조금의 변함도 없이 똑같은 형태로 서 있지 않는다. 아침 햇살로 시작하여 황혼에 저물고 그러다가 밤을 맞이한다. 시간은 시시각각으로 변하는 빛의 변화와 함께 나타나고 그것을 다시 지각한다. 그러므로 건축에서 시간은 지속이다.

지속은 때가 지나가는 것이고 연속하는 변화를 포함한다. 사람이 늙고 물건이 헐어가는 것은 시간의 흐름 속에 있기 때문이다. 사람과 사물은 처음의 모습을 계속 유지할 수 없으며, 시간이 흐름을 이길 수 없다. 노화를 거스를 수 없는 피부가 나이를 더 들지 않게 하는 것을 안티에이징antiaging이라고 한다. 그러나 안티에이징 제품을 쓴다고 해서 에이징aging, 나이 먹음, 노화을 안티anti, 상반되거나 방지할 수는 없다. 나이를 먹고 물건이 헐어가는 것은 시간이 흐르며 지속되었기 때문에 비로소 얻게 되는 아름다움이다. 이렇게 미의 개념을 확장하는 것도 시간의 지속이다.

지속, 생명의 시간

음에는 높낮이가 있고 길이가 있으며 위치가 있는데, 음악은 소리를 분절하고 이를 오선지에 기록한다. 악보는 음의 시간을 공간에 옮긴 것이다. 그러나 자연의 물소리, 나뭇가지가 흔들리는 소리, 벌이 내는 생명의 소리는 정확하게 악보로 옮길 수 없다. 순간의 소리는 악보라는 공간으로 표현할 수 있다. 그러나 생명의 소리는 높이도 길이도 지니지 않는 하나의 지속하는 소리이므로 악보로 표현하지 못한다. 생명의 소리는 공간적으로 나타낼 수 없다.

아리스토텔레스Aristoteles는 시간은 운동을 앞과 뒤로 분할하여 세는 것이라고 했다. 또한 그는 시간은 운동과 따로 떼어 생각할 수 없다고 해도 운동과는 다르며, 운동은 연속해도 시간은 운동을 분할해서 얻는 2차적인 것이라고 했다.

그런데 프랑스 철학자 앙리 베르그송Henri Bergson의 시간은 아리스토텔레스의 시간과 정반대다. 베르그송에 의하면 운동은 지속이고 지속이 진정한 시간이다. 인간의 생명은 결코 양적으로 나타낼 수 없고 공간으로 만들 수도 없다는 것이다. 생명은 시작도 없고 끝도 없는 순수한 '지속duration'이다. 베르그송은 현대의 모든 물질문명은 공간화에 바탕을 두고 있어서 생명의 본질에서 점점 멀어진다고 경고한다. 생명의 본질은 공간으로 나타낼 수 없다는 말이다.

우리는 시간을 시계의 시간으로 인식한다. 시계침이 문자판 위를 1에서 2로 공간적으로 이동하면 한 시간이라고 한다. 그러나 이것은 공간이지 시간이 아니다. 시간을 공간으로 표상하여 인식한 것이다. 우리는 미래는 앞에서 오고 과거는 뒤에서 사라지는 공간적인 이미지로 떠올린다. 시간을 측정하는 것은 시간을 공간으로 바꾸어 이해하는 것이다. 강이 흐르기 시작하여 멈추는 지점까지 자로 측정할 수 있지만, 실제로는 시작은 없어지고 끝만 있으므로 측정할 수 없다. 그래서 베르그송은 진정한 시간을 양적인 공간이 아니라 질적인 지속의 시간이어야 한다고 했다.

지속의 시간은 운동을 직관할 때만 알 수 있다. 베르그송은 인간의 지성은 정지해 있는 것을 알 수 있지만, 반면에 운동하고 지속하며 흐르는 것은 알 수 없으며 직관으로만 알 수 있다고 했다. 그렇다면 공간을 다루는 건축은 생명의 본질인 순수한 '지속'을 수량화하고 공간화하는 것이다. 그래서 건축은 공간을 다루며 시간도 담는다고 믿는다.

그러나 이러한 베르그송의 말을 듣고, 건축에 시간을 담을 수 없다고 실망할 필요는 없다. 인간의 지성이란 시간을 양적으로 그리고 공간으로만 인식한다. 건축물에 대한 지각은 사람의 관심을 집중시키고 몸으로 파악되는 경험의 시간이다. 이러한 시간은 사람이 직접 자기 몸으로 살아가는 일상의 시간이다. 그것은 특정한 개인이 건축과 함께 지나가는 시간이며, 건축 공간, 건축의 부재, 물질이 장소에서 지속하는 시간이다. 이것은 종교학자인 미르체아 엘리아데Mircea Eliade가 『성과 속Das Heilige und das Profane』에서 말한 변화하기 쉬운 시간과 같은 것이다. 따라서 건축물을 물리적으로 지각하는 것은 시계의 시침과 분침으로 시간을 재는 것과는 다르다.

건축에는 이와는 다른 시간이 있다. 그것은 역사적으로 형성되고 집단적으로 유지해온 시간, 습관과 제도 안에서 얽힌 시간이다. 가족과 함께 같은 공간에서 지내온 시간, 책이나 사진, 수집품 등 가족이 가진 물건에 있는 고유한 시간이 그것이다. 따라서 집의 기둥과 보 같은 건축물의 부위는 습관적인 요소이며, 그 안에는 사회적으로 축적된 시간이 숨게 된다. 뿐만 아니다. 심지어 새시나 세면기와 같은 규격품이나 주택 설비에도 각각의 메이커가 기술로 배양한 시간이 들어 있다.

핀란드 건축가 유하니 팔라스마Juhani Pallasmaa가 "건축은 현실에서 우리를 떼어내어 시간과 전통이 느리게, 그리고 확실하게 흘러가는 바를 경험하게 해준다. 건물과 도시는 시간의 도구이며 시간의 박물관이다. 건물과 도시는 역사가 지나가는 것을 보고 이해하게 해줄 수 있다."[7]를 전제로 한 것이다. 이것은 엘리아데가 『성과 속』에서 말한 영원한 연속과 같은 시간이다.

건축의 시간

집은 시간의 공간

한자로는 세상을 우주宇宙라고 한다. 그런데 '집 우宇'와 '집 주宙' 모두 집을 의미한다. 그런데 '집 우'는 장소를 뜻한다. 공간적으로 끝이 없음을 말한다. '집 주'는 무한한 시간을 나타낸다. '유宙'가 연유와 인연을 뜻하므로 시간상으로 끝이 없음을 나타낸다. 이처럼 옛 중국에서 '우'는 공간적인 확대를, '주'는 시간적인 격차를 극대화한 집이 우주였다.

'세계'라는 말의 영어인 '월드world'는 아이슬란드어 '베럴드veröld'에서 온 말이라고 하는데, 이는 'ver인간'과 'old시간'가 합친 말이다. 그러니까 세계란 '인간의 시간'이라는 뜻이다. 곧 세계라는 공간은 인간이 가지는 시간을 통해서 알 수 있다는 말이다. 한자로는 세상이 공간과 시간을 가진 무한한 집이라는 뜻이고, 영어로도 인간의 시간이 가득 찬 공간이라는 뜻이다. 이러니 건축은 인간의 시간으로 가득 찬 공간이 안 될 수가 없다. 건축은 장소에 놓여 풍경 속에서 세상의 다른 사물과 함께 있게 된다. 또 건축은 시간 속에 놓인다. 따라서 건축은 장소와 풍경을 씨줄로 하고 시간의 흐름을 날줄로 하여 짜이는 옷감이라 할 것이다.

건축을 공간으로 많이 말하지만, 건축은 시간에도 깊이 관계한다. 그러나 시간과 관련하여 건축을 생각하는 경우는 그렇게 많지 않다. 건축에서 시간을 말하는 것은 과연 어떤 의미를 지닌 것일까? 왜 건축은 시간을 중요하게 생각해야 하는 것일까? 건축에서 시간과 관계하여 말하는 것 자체가 철학적으로 들릴 것이다. 그러나 철학에서 시간을 말하는 것보다 건축에서 시간을 말하는 것이 훨씬 쉽고 본질적이다.

시간으로 건축을 말할 때 제일 먼저 등장하는 표현은 건축은 '동결된 음악gefrorene Musik'이라는 것이다. 이 말은 괴테가 했다고도 하고, 독일 낭만파 비평가 프리드리히 슐레겔Friedrich Schlegel의 말이라고도 하며, 독일 철학자 프리드리히 셸링Friedrich Schelling이 한 말이라고도 한다. 그러나 누가 이 말을 했는지는 중요하지 않다. 건축이 '동결된 음악'이나 '응고된 음악'이라는 것은 건축과 음악은 모두 분명한 요소가 전체로 이어지기 때문이다. 음악은 시간의 흐름 속에서 소리가 전개되지만, 건축에서는 시간이 공간에 응집된다. 하나는 시간의 흐름이 공간에 전개되고 다른 하나는 시간의 흐름이 공간에 응집된다.

음악에서 경험하는 시간은 같다. 그러나 건축이 공간 안에서 경험하는 시간은 서로 다르다. 음악을 듣는 사람들은 모두 같은 속도에 같은 음을 듣지만, 건축은 사람이 다니는 순서와 경로에 따라 경험이 아주 다르다. 아침인지 노을이 질 때인지에 따라 건축물에 대한 시간 경험은 다르다. 어렸을 때 경험한 시간인지 최근 너무 분주하게 지내는 시간인지에 따라서도 경험은 아주 다르다. 따라서 고전적인 예술의 관점에서 건축은 공간예술이고 음악은 시간예술이니 하는 구별은 그다지 의미가 없어 보인다.

늘 있어 온 것

토목은 건축이 생각하는 시간보다 훨씬 길다. 토목 구조물을 만드는 과정이나 물리적인 시간의 길이가 아주 길다. 예를 들어 고대 로마의 수도교는 만든 지 2,000년이 되었는데 지금도 사용하는 경우가 있다. 토목을 하는 사람들이 100년을 생각하고 짓는다면 건축은 어떤가? 또한 도시의 물리적인 환경을 변화시키는 것은 변화하는 사람들의 생활과 변화하는 도시산업이다. 도시는 결코 한 번에 만들어지는 것이 아니며, 긴 시간을 두고 누적되면서 만들어진다.

또한 건축이란 본래 한 시간을 위해 지어지는 것이 아니라 10년, 10년보다 100년을 위해 지어진다. 이것은 시대가 바뀌어도 늘 그곳에 나타나는 건축이 많이 있어야 하고, 한번 보아 아름답고 화려한 것보다는 오히려 인간이 생활하는 데 시간을 만들어주는 건축이 많이 있어야 한다는 뜻이다. 이처럼 건축만이 시간을 생각하는 것은 아니다. 건축을 다른 분야와 비교해보면 건축의 수명은 아주 짧고, 더구나 변동이 심한 상업 건축 등은 수명이 점점 더욱 짧아지고 있다.

건축은 공간을 다루는 분야라고 배웠다. 그리고 건축은 아름답고 멋있게, 내 것으로, 건축물 안에서만 이루어지는 물질의 조합으로 만들어진다고 보았다. 당연히 집에는 지붕이 있고 벽이 있다. 공간을 만들어내기 위함이다. 그러나 그 3차원의 공간은 사람들이 그 안에서 살아가기 위한 공간이다. 단지 사는 것이 아니라 살아'가기' 위한 것, 그것도 '계속'하여 오래 살아'가기' 위한 것이다. 이렇게 생각할 때 건축의 가장 큰 가치는 그 안에서 살아가는 시간, 모여 살아가는 어울림, 살아가는 기억, 그리고 그 안에서 희망을 품은 채 계속 살아갈 미래에 대해 의식을 가지고 사는 것이다. 루트비히 미스 반 데어 로에Ludwig Mies van der Rohe는 "건축주에게 건축에 대하여 절대 말하지 말라. 그 대신 그에게 그 사람의 아이들에 대해서 말하라. 그것이 간단하지만 좋은 방책이다."라고 했다는데, 여기에서 '아이들'이라 함은 건축은 아이를 기르듯이 오래 살아갈 시간을 생각하게 하라는 뜻일 것이다.

땅에 고착하여 움직이지 않는 건축물을 세우는 것은 모든 것이 빠르게 변화하는 시대와는 다른 가치를 가진 것처럼 보인다. 그러나 이렇게 변하는 것은 비단 오늘에만 있던 일은 아니다. 내 몸에 있는 세포는 내가 어렸을 때 내 몸에 있던 그 세포가 아니다. 모두 바뀌어 있다. 계절도 수없이 바뀌었으며, 계속 똑같은 옷을 입는 것 같지만 옷도 수없이 바꾸어 입었다. 나와 사귀던 사람도 그야말로 많이 바뀌었다. 정보화사회라고 해서 정보 전달만 재빠르게 바뀌는 것이 아니다.

그러나 많은 것이 변화한다고 해서 주변에 있는 모든 것이 그렇게 다 변화할까? 현대라는 시대는 늘 새로움만 찾고 있는 듯이 보인다. 그런데 자세히 들여다보면 현대의 새로움이란 단지 앞으로 다가올 시간에 대한 새로움만이 아니다. 늘 있어 왔던 것에 근거한 새로움, 늘 있었으면서 지속적으로 오늘에 자극과 깨달음을 주는 바에 근거한 새로움을 소중하게 여길 줄 안다는 것이다. 『오래된 미래Ancient Futures』[8]라는 책처럼 건축은 미래를 위해 지어지는 것이고, 과거와 역사를 미래에 이어주는 아주 훌륭한 존재라는 점에서 건축은 '오래된 미래'를 짓는 일이다.

칸은 "있었던 것은 늘 있어 왔고, 있는 것도 늘 있어 왔으며, 앞으로 있을 것도 늘 있어 왔다.What was has always been, What is has always been, and What will be has always been."라고 말했다. 언뜻 아주 어려

운 말처럼 들린다. 그러나 내 앨범 속의 사진을 보면 조금씩 나이를 먹어온 나를 통해 "과거에 있었던 것도 늘 있어 왔고, 지금 있는 것도 늘 있어 왔으며, 앞으로 있을 것도 늘 있어 왔다."라는 것을 알 수 있다. 이런 의미에서 건축은 사람을 닮았다. 그런데 바뀌면서 바뀌지 않은 것이 있는데, 그것은 나의 이름이다.

비행기나 기선도 그렇지만 스마트폰을 두고 "과거에 있었던 것도 늘 있어 왔고, 지금 있는 것도 늘 있어 왔으며, 앞으로 있을 것도 늘 있어 왔다."라고 말한다면, 그 말 자체는 성립하지 않는다. 그러나 건축은 그렇지 않다. 만일 새로 지어진 건물이 시간이 지나간 건물보다 낫다고 생각한다면, 그 건물이 언제 세워졌는지, 누가 만들었는지 하는 것만 가장 중요하게 여기기 때문일 것이다. 건축에는 다른 사물과 달리 오래되고 오래 남는 시간이 있다.

건축 시간의 스케일
도시의 시간

사람들이 살고 있는 세상에는 끊임없이 시간이 흘러간다. 하루 단위, 한 달 단위, 1년 단위로, 또는 그보다 더 긴 단위로 시간에 따른 변화가 있다. 해와 별이 운행하고, 간만의 차이가 생기며, 계절이 바뀌고, 날씨가 변하며, 동식물이 자라고, 물질도 시간에 따라 변한다. 이것은 모든 생물, 인간, 지구환경이 그렇고, 당연히 건축과 도시도 이 시간의 흐름 속에 있다.

도시는 변화한다. 시간이 되면 학생들은 강의실에 나타나고 시간이 되면 그곳을 떠난다. 같은 대학 캠퍼스라도 공간이 아닌 시간으로 장소를 바라보면 우리는 훨씬 풍부한 체험을 할 수 있다. 아침의 도시, 낮의 도시, 저녁의 도시가 있고, 걸어다니는 길과 자전거로 다니는 길, 자동차로 다니는 길이 있다. 시간적인 계열은 간단하지 않지만 현실 안에서는 참으로 다양한 방식으로 시간을 실천하고 있다.

우리는 이제까지 생활하는 사람으로서 또는 계획자로서 도시를 고정된 공간에서 바라보았다. 그러나 건축과 도시 공간을 시계열時系列로 바라보면 그 안에서 복잡한 역사의 장소가 나타난다. 그야말로 태고 때 만들어진 산들이 도시를 둘러싸고 있는가 하면, 버스는 제시간이 되면 정류장에 도착하며, 저녁이 되면 노점상이 불을 켜고 물건을 팔기 시작한다. 도시계획은 도시를 공간적으로만 생각해왔다. 그러나 도시는 분명히 시간 속에서 복잡하게 변하고 있는 존재다.

도시에는 정말로 많은 시간이 얽혀 있다. 경기도가 선캄브리아대 지층에 해당한다 하니 서울만 보더라도 한강과 남산은 약 45억 6,000만 년 전부터 캄브리아기가 시작하는 5억 4,000만 년 전까지의 시기라는 상상하기도 어려운 시간대에 만들어졌다고 한다. 우리가 자연환경을 소중하게 여겨야 하는 이유가 여기에 있다. 서울 안의 구조물들도 모두 다른 시기에 지어진 것이다. 경복궁은 1395년에 만들어졌고, 남산 1·2호 터널은 1970년에 만들어졌으며, 한강변의 63빌딩현 63스퀘어은 1985년에 지어졌다. 서울의 지하철은 1974년에 만들어졌고, 서초구에 있는 서래마을은 한남동에 있던 서울 프랑스학교가 1985년 옮겨오면서 학교를 중심으로 프랑스 마을이 형성된 것이다. 어떤 것은 저 먼 옛날에, 어떤 것은 600년 전에, 또 어떤 것은 40년 전에 만들어졌고, 그 사이에 셀 수 없는 크고 작은 집과 길들이 복잡하게 얽히면서 오늘의 이 도시가 만들어져 왔다. 이런 이야기는 어떤 도시에나 해당된다.

도시 안에는 1년 안에 지어진 것 아니면 1년마다 반복되는 것, 한 달마다 나타나는 것 아니면 한 달 있다가 사라지는 것, 하루만에 지어진 것 아니면 하루만 있다가 치워버릴 것, 더 나아가 점멸하는 전광판은 문자 그대로 순간을 그리고 사라지는 것들이기도 하다. 거리에는 시간이 되면 노점상이 나타나지만 키오스크는 이보다 긴 시간이 연상된다. 몇 년에 한 번은 내외장을 바꾸는 가게도 즐비한가 하면 어떤 건물은 50년 정도를 바라보고 지어진다. 문제는 어떤 시간에 가치를 두는가 하는 것이다. 한 시간에 가치를 둘 수도 있고 100년에 더 많은 가치를 둘 수도 있다.

미래를 만드는 건축

이와 마찬가지로 건축은 시간과 어떤 관계에 있을까? 잘 생각해보면 생활 속에는 다양한 스케일로 나타나는 건축의 시간이 있다. 역사가 될 긴 시간이 있는가 하면 가설 건물처럼 몇 년 정도로 한정된 시간도 있다. 어떤 주택도 다 같은 시간을 보내지 않는다. 그 사이를 잘 살펴보면 한 사람 한 사람의 생활과 그들이 사회에 대하여 갖고 있는 활동 방식에 따라 제각기 다른 시간을 보내고 있다.

건축은 시간의 흐름을 눈에 보이게 하고 흔적을 축적할 수 있다. 시간이 흐르면 건축이 노후하고 질이 저하하는 것도 시간의 흔적을 보여주는 것이지만, 건물을 고쳐 갱신하는 것도 미래의 시간을 보여주는 것이다. 사전에는 미래future라는 말을 '앞으로 올 때' '현재 뒤에 오는 때'라고만 정의하고 있다. 어디까지나 시간을 나타내는 개념이다. "경험이 미래를 만든다."는 말이 있듯이 '미래를 만든다'고도 한다. 따라서 "미래는 만드는 건축"이라는 표현도 있다.

이런 표현에 관심을 갖던 중 우연히 "모두의 미래를 만드는 유치원"[9]이라는 이름을 알게 되었다. 이 유치원은 그 이름의 의미를 이렇게 적었다. "이 이름에는 이제부터 누구도 경험하지 않은 사회에서 어떤 사람에게 길러지기를 바라는가 하는 생각이 들어가 있습니다. 그것은 자기에 관한 것이 아니라, 타자를 배려하는 마음을 가질 수 있는 아이, 자기 뜻을 가지고 행동할 수 있는 아이, 들은 말을 단지 해주는 것이 아니라 그 의미를 생각하고 즐기면서 몰두하는 아이, 다시 말해 모두의 미래를 만드는 사람입니다."

여기에서 '모두의 미래를 만드는 사람'을 '모두의 미래를 만드는 건축'이라고 한다면 어떻게 될까? 이 유치원의 목표를 그대로 사용한다면 '모두의 미래를 만드는 건축'이란 "이제부터 누구도 경험하지 않은 사회에서 어떤 사람에게 길러지고 살게 되기를 바라는가 하는 생각이 들어가 있는 건축, 그것은 자기에 관한 것이 아니라, 타자를 배려하는 마음을 가질 수 있는 건축이다. 그리고 그것은 자기 뜻을 가지고 행동할 수 있으며, 들은 말을 단지 해주는 것이 아니라 그 의미를 생각하고 즐기면서 몰두하는 사람들을 있게 해주는 건축"이다. 이렇게 생각할 때 이런 건축은 미래의 환경을 바꾸는 미래의 의미와 함께, 우리는 어떻게 존재해야 하는가를 묻는 미래의 의미도 있다.

건축은 지어지는 시점부터 넓은 의미의 사회 자산이 된다. 그리고 아주 긴 시간 사람의 생활을 규정한다. 그 '아주 긴 시간'은 다름 아닌 건축물에 주어진 미래이며, 따라서 건축을 만든다는 것은 미래를 만드는 것이다. 그러나 오래 남아서 쓰이기만 한다고 미래를 만드는 건축은 아니다. 잘못 지어진 채로 남아 있는 건물은 바람직한 사회 자산이 아니라 바람직하지 못한 사회 유산이다. 이런 건물은 미래를 보려고 하지 않은, 미래가 없는 건물이다.

학교라는 건물은 이 사회에 교육제도가 지속되기 위한 것이므로 학교를 짓는 것은 교육의 미래를 짓는 것이다. 국회의사당은 민의의 정치가 이어지게 하기 위한 것이므로 국회의사당을 짓는 것은 정치의 미래를 짓는 것이며, 회사의 본사 건물을 짓는 것은 회사 경영의 미래를 짓는 것이다. 그러나 이것만으로는 부족하다. 학교는 모두의 교육의 미래를 짓는 것이고, 국회의사당은 모두의 정치의 미래를 짓는 것이며, 회사의 본사 건물은 모두의 회사 경영의 미래를 짓는 것이다. 모두의 교육, 모두의 정치, 모두의 회사 경영이 되려면 지금의 교육 시스템, 정치 시스템, 경영 시스템이 옳은가를 묻고 이에 대한 새로운 시스템을 다시 구축해야 한다. 그리고 새로운 시스템은 새로운 건축을 요구한다.

건물은 움직인다

건물은 땅에 고정된 것이다. 그러나 자세히 보면 건물은 움직인다. 건물이 움직인다 함은 구조물이 위험스럽게 움직인다는 뜻이 아니다. 자세히 보면 건축물은 문이 열리고 닫히며 때로는 벽도 움직이며 창문도 열리고 닫힌다. 그 안의 통로를 따라 사람들이 움직이며 생활하고, 건축 안과 밖에서는 우리의 신체가 움직인다. 아침이 되면 사람들이 몰려오다가 저녁이 되면 퇴근하는 사람들이 몰려나간다. 건물 안에는 기류와 에너지가 움직이고 물건이 이동한다.

건축물을 설계하는 데에는 사물과 사물의 사이가 발견되고, 그 사이에 무언가의 흐름이 발생한다. 그 흐름은 공간을 유동하게 하고 공간과 공간을 서로 잇는다. 작은 공간이라도 흐름이 없다면 그것은 막힌 것이고 고정된 것이다. 공간이란 정지된 물체의 크기로만 정해지는 것이 아니다. 사물과 사물 사이에 시간이 개입할 때, 빛이 비추고 사람이 오가는 공간이 된다.

시간이 변화하면 건물에 여러 현상이 움직인다. 건물의 형태는 1년이고 10년이고 똑같은 모습으로 있지 않다. 건물은 땅과 하늘 사이에 놓인 존재여서 환경이나 주변과 관계하고 시간에 따라 다양한 현상과 결합된다. 시간에 따라 빛의 각도와 세기와 그늘의 위치와 재료의 반사가 한시도 똑같은 적이 없다. 창을 통해 들어오는 바람의 방향과 세기와 온도도 똑같은 것이 하나도 없다. 생물을 제외하고 건축물만큼 자연의 시간 속에서 생기를 얻는 존재는 이 세상에 없다. 건축을 둘러싼 자연도 움직이고 있다.

건축을 설계하는 사람은 설계라는 행위로만 건물을 바라보기 쉽다. 그러나 건축은 그 안에서 살기 위한 것이므로 사는 것과 짓는 것은 서로 깊이 이어져 있다. 옛날에는 사는 사람이 스스로 자기 집을 고쳐 지으며 환경을 갖추었다. 사용자의 생활을 예측하며 설계한다고 하지만, 설계는 그리 길지 못한 기간에 완료된다. 아무리 사용자의 행위를 상세히 예측하며 설계했다고 하더라도, 일반적으로 이미 잘 알려진 사람들의 행위 패턴에 따라 짧은 기간에 많은 부분을 설계하는 것도 사실이다. 이 사람이 그 공간에서 10년도 살 수 있고 50년도 살 수 있음을 생각하면, 실제의 설계 기간은 사용자의 시간을 크게 압축한 것이다.

건축은 기억장치

도시는 급격한 지역개발로 크게 변하고 있다. 이런 도시환경을 반성하며 환경을 보존해야 한다는데, 이것은 결국 도시의 시간을 보존하자는 움직임이다. 그러나 도시가 빠르게 변화한다고 해서 도시 안의 모든 장소가 모든 이력을 잃어버리는 것은 아니다. 재료에

도 시간의 스케일이 있어서 시간이 축적된다. 그래서 건물이 지어
진 재료를 보면 그것이 어느 시기에 지어졌는지를 알 수 있다. 목
조건물은 대략 조선시대의 집이고, 붉은 벽돌로 지은 집은 대략
일제강점기의 집이며, 노출 콘크리트 건물은 대략 1970년쯤의 건
물이고, 철골과 유리로 지어진 집은 대략 1990년대의 건물로 생
각할 수 있다. 도시를 내려다보아도 건물의 재료로 도시의 시간을
알 수 있다.

　　재료를 잘 사용하면, 세월이 흘러 색이 바래고 윤기가 덜해
져도 그것으로 축적된 시간이 증명된다. 또한 재료가 다르면 시
간이 지나 변한 모습에도 차이가 있다. 사람은 오래 살아야 백 살
이지만 5,000년 이상 사는 나무도 있다. 오랜 목조건축은 전체를
나무라는 한 가지 재료만 사용했기 때문에 모든 부분이 똑같이
변화한다. 그러나 오늘날의 주택은 부위마다 다른 재료를 많이 쓰
기 때문에 재료마다 변화 모습이 다르다.

　　건축을 보면 그 시대의 배경을 알 수 있고, 우리가 살고 있
는 이 시간이 어디에서 왔는지 알 수 있다. 기억되는 정보란 늘 바
깥에서 보존되는 법이다. 뇌 안의 기억은 다른 사람들의 뇌나 책
으로 보존된다. 기억은 건축으로도 보존된다. 19세기의 유명한 평
론가 존 러스킨John Ruskin은 그의 저서 『건축의 일곱 등불The Seven
Lamps of Architecture』의 제6장 '기억의 등불'에 이렇게 적었다. "사람
은 건축이 없어도 생활하거나 예배할 수 있다. 그러나 건축 없이
는 기억할 수 없다." "사람의 망각을 강력하게 극복할 수 있는 것
은 두 개밖에 없다. 곧 시와 건축이다." 그리고 그는 이렇게 요약한
다. "건축은…… 첫째, 역사의 전승이 되게 만들어져야 한다. 둘째,
과거의 것을 가장 귀중한 유산으로 보존해야 한다."[10]

　　시와 건축 중에서 건축의 기억력이 훨씬 강하다. 건축은 인
간이 생각하고 느낀 것만이 아니라, 손으로 만지고 힘으로 일하고
눈으로 파악한 바도 표현한다. 인간의 노동에 대한 강력한 기억은
건축만이 보여줄 수 있다. 이에 러스킨은 상상은 한없이 이어지지
않는다는 것, 그래서 건축의 기억은 개인적이지 않고 사회적이며

집단적이라고 생각했다. 그는 이렇게 기억을 이전 사람들과 달리 생각했다.

기억은 사람의 머릿속에만 있지 않고 물리적인 환경에도 정착된다. 좁은 길이었는데 넓은 도로가 되었거나 이전의 필지에 도로가 새로 지나가면서 생긴 자투리땅이거나 비뚤어진 땅, 조그만 건물, 건물과 건물 사이에 비집고 들어선 작은 구조물은 모두 변화에 대한 기록이며 기억이다. 건물 전체나 일부에도, 건물 안에 남아 있던 물건에도 기억이 축적된다. 건축과 도시에서 기억은 보존, 리노베이션, 지역성, 동일성이라는 개념으로 이어진다. 20세기 건축이 공간의 건축을 지향해왔다면, 21세기의 건축은 기억으로 이어주는 시간의 건축을 지향한다.

시간의 경험

건축에서 시간은 그 안을 걸으며 경험된다. 또 그 시간은 풍화된 재료를 통해 경험된다. 공간 안을 움직이는 여정과 풍화하는 재료가 사람이 건축 안에서 시간을 경험할 수 있게 만드는 두 가지 요인이다. 이 두 가지는 어떻게 얽히는 것일까? 축의 시간은 어떻게 표현되고 경험되는지, 카탈루냐의 건축가 엔리크 미랄레스 Enric Miralles와 카르메 피노스Carme Pinós가 설계한 이구알라다 묘지 Igualada Cemetery*를 보며 곰곰이 생각해보자.

이 묘지는 흔히 토목공사를 하듯이 땅을 깎거나 자르지 않고, 마치 대지작업earthwork처럼 땅을 조성했다. 입구에는 녹슨 철골이 교차하며 갈보리Calvary 언덕 위의 문처럼 서 있으며, 유족은 지형을 따라 위에서 아래로 천천히 내려가며 '죽은 이의 도시'로 들어가는 느낌을 받는다. 사람이 걸어 내려가는 움직임이 시간을 나타낸다. 그러면 잠시 뒤 죽은 이와 산 이가 서로 가까이 하는 '사이'의 장소가 나타난다. 이 장소는 격리되어 있으며, 길은 생명의 강이 시작되듯이 고요하다. 격리된 두 장소가 격리된 두 가지 시간을 표현한다. 이 길에는 콘크리트의 옹벽을 따라 납골실이 비스듬히 배열된 주거지처럼 나타난다.

바닥은 강이고 침목은 강 위에 떠다니는 배처럼 길바닥에는 콘크리트에 침목을 넣었다. 죽은 자를 표상하는 흐트러진 재료로 유족은 죽은 이에 대한 기억을 불러일으킬 수 있다. 바닥의 텍스처는 작은 자갈, 나무, 콘크리트, 포장재 등으로 달라진다. 바닥을 거칠게 표현한 것은 물에 침식된 것을 나타내기 위한 것이고, 녹슨 철과 풍화한 콘크리트, 풀과 나무도 풍경을 만드는 또 다른 재료가 된다. 이 안을 걷는 살아 있는 이도 이처럼 풍화하게 될 것이라는 사실을 암시한다. 건축의 풍화한 재료는 시간을 표현하는 아주 중요한 요소다.

풍화된 콘크리트는 정으로 쳐내어 철근 이음줄이 남아 있는 듯이 표현되었다. 이것으로 자갈이 박혀 있는 바닥과 철망에 돌을 집어넣은 개비온gabion이 서로 이어져 있다. 일부 개비온 벽은 마치 무너져 내린 것처럼 보이게 해서 땅과 풀이 건축 재료와 같이 있게 했다. 개비온은 층을 이루도록 쌓아서 마치 지층처럼 거칠게 보인다. 이렇게 해서 노출 콘크리트에서 시작한 재료가 땅과 풀로 이어진다. 널빤지는 바닥에 널려 있고 벤치는 기울어진 채로 여기저기서 부딪히는 듯이 보인다. 바닥에 깔린 뗏목은 강물에 휘감기듯이 흩트러져 있다. 약간 기울어진 벤치 모양은 땅에 묻힌 자가 관이 열려 다시 살아 올라오는 듯이 보이기도 한다. 땅과 풀과 녹슨 철망 그리고 개비온 등은 수직적으로 연속한 지층의 변화를 표현한다.

이 묘지를 이루는 요소들은 조금씩 어긋나 있고, 마치 어디엔가 있었던 재료를 모아서 임시로 덧댄 것처럼 느껴진다. 다양한 사물을 덧대어 보인 것도 시간과 공간을 수집한 것이다. ㄱ자 모양의 프리캐스트 콘크리트 패널precast concrete panel은 네 장이 모여 마치 무너지려는 집의 창처럼 불안하게 보이도록 했다. 이 벽의 제일 높은 곳에 놓인 패널은 폐허의 이미지가 느껴진다. 이 패널 벽의 아래는 밝고 위는 어둡게 되어 있다. 서로 다른 색깔은 풍화가 서서히 밑으로 내려오기 시작한다는 표시다. 요소의 반反이음매도 시간의 경과를 나타낸다.

이처럼 패널을 모아 만든 벽의 바로 뒤에 옹벽이 서 있다. 패널과 옹벽이 떨어져 있어서 마치 어떤 건물의 창처럼 보이기도 한다. 창가에 모습을 드러낼 것만 같은 사람이 이미 그곳에 없음을 느끼게 해준다. 이 콘크리트 패널이 조합된 벽은 죽은 이들의 집이며 폐허다. 이 두 부분은 일직선으로 완전하게 나뉘지 않았다. 열려 있고 닫혀 있는 형태는 사람이 살고 있는 집의 관습적인 의미를 연상시킨다.

이구알라다 묘지를 "기억을 수집하는 기계"라고 표현하듯 이 건축은 공간 안에서 움직이며 생각과 기억을 불러일으키는 힘이 있다. 이 묘지는 죽은 이와 산 이가 영원할 수 없음을 건축으로 나타낸 것이지만, 환경에 노출된 채 변해가는 사물로 구축된 건축물은 어떤 사물도 표현하기 어려운 기억을 다양하고 깊게 나타낼 수 있다. 또 도시에 있는 수많은 건축물도 이처럼 계속 덧대고 새로 변형되고 풍화되면서 틈을 만들어낸다. 그리고 그 틈을 기억이 메워준다.

근대건축의 시간

박람회의 시간

박람회는 산업혁명 이후 공업 제품을 전시하기 위해 영국에서 처음으로 열렸다. 박람회는 제국주의와 소비사회에 대중오락이 합쳐진 것이다. 자본은 상업과 무역으로 물자를 교환함으로써 공간을 확장했다. 공간을 팽창시킨 것은 국가와 자본이었다. 박람회는 이러한 상품을 만든 자본이 세계의 공간을 어떻게 확장하는가를 보여주는 건물이었다. 세계라는 거대한 공간에 대한 관심은 광대한 건축 공간으로 체험할 수 있었다.

박람회에는 산업의 미래를 나타내는 공업 생산품이 전시되었고, 국가는 박람회를 통해 과거와 미래를 보여주며 국민을 계몽했다. 그 자체가 첨단과 미래를 향하는 박람회는 근대의 유토피아를 따라 진보하는 공간과 시간을 보여주었다. 일상과 현실에 머물러 있었던 대중은 세계에서 모여든 상품들의 스펙터클한 광경에 몰두하며 현실과 일상에서 벗어나 미래를 바라볼 수 있었다.

전 세계에서 생산된 상품과 문화를 한곳에 모아놓은 박람회는 세계라는 공간을 건물로 축약시켰다. 흔히 근대건축은 공간과 시간이 결합된 새로운 '시공간space-time' 개념을 이끌어냈다고 하지만, 이 '시공간'이 먼저 있어서 새로운 건축이 탄생한 것은 아니다. 저 먼 곳에서 생산된 상품이 박람회장에 들어와 자기 눈앞에 있다는 것은, 마치 오늘날 이메일이 거리와 시간을 압축한 것과 같은 축약된 공간과 시간을 경험한 것이었다.

수정궁Crystal Palace*을 지을 때도 개최하기 1년 전 현상설계를 실시해 245개의 안이 들어왔으나 결정적인 안이 없었다. 이에 왕립박람회위원회가 독자적으로 거대한 벽돌 구조 건물을 계획했으나, 마침 이때 조지프 팩스턴Joseph Paxton의 안이 채택되었다. 그가 제안한 수정궁은 전시 기간이 약 6개월인 일시적인 건물이었는데 9개월이라는 짧은 공기와 공사비에 맞춰 완성되었다. 물론 이를 두고 발전된 기술 때문에 공사 기간이 단축되었다고 할 수도 있다. 그러나 이것은 빨리 짓고 용도가 다 되면 쉽게 철거할 수 있다는 또 다른 근대 사회의 시간이었다. 이 수정궁은 철거하기에는 너무 아깝다는 여론이 많아 박람회가 끝난 뒤에도 런던 교외로 이설된 뒤 식물원, 박물관, 콘서트홀 등으로 사용되다가 1936년 화재로 소실되었다.

1889년 파리 만국박람회에서는 기계관이 다른 전시보다도 명성을 얻었다. 그 자체가 기계라고 불릴 정도로 높은 트랙 위에서 플랫폼이 이동하며 전시 공간을 오갔다. 이 덕분에 관람객은 전시를 빠르게 관람할 수 있었다. 기계의 움직임이 시간의 개념을 실제로 보여준 박람회였다.

지그프리트 기디온의 표현대로 수정궁은 "시야에 건물 사이의 거리라든가 건물의 실제 크기를 가늠할 수 있는 단서가 전혀 없어도 우리는 섬세한 선들의 연결망을 관찰할 수 있다. …… 대신에 지평선상으로 수렴하는 끝없는 투시도를 따라 쏠리게 된다. 육안으로 그 사이의 거리를 판단하거나 실제 크기를 가늠할 단서를 주지 않는다. …… 수평선으로 사라지는 무한한 소실점을 따라 흐른다. …… 즉 모든 물질들이 대기 속으로 녹아들어 만들어지는 먼 배경 안으로 융화되는 트랜셉트transept 때문에 이 거더girder, 대들보들은 보이지 않게 된다."[12] 이것은 개방적이고 유동적이며 불확정적인 공간의 성질을 묘사한 것이지만, 이후 근대건축의 공간의 본질을 잘 나타내고 있다. 또한 이것은 투명한 유리로 덮인 일시적인 유동하는 시간의 이미지도 나타낸다.

1851년 런던 만국박람회에는 600만 명의 사람이 몰려왔다. 이때 런던 인구의 약 세 배, 영국 국민의 3분의 1이 수정궁에 온 셈이다. 이 수많은 사람들은 무수한 상품이 파노라마처럼 전시된 공간을 여유 있게 돌아다닐 수 있었다. 이로써 이들은 근대 공간 안에서 근대의 시간을 처음으로 체험할 수 있었다. 이렇게 많은 사람이 박람회장에 올 수 있었던 것은 영국 전국에 설치된 도로망 덕분이었고, 매일 박람회 소식과 이벤트를 알려주는 매스미디어의 급속한 발전 때문이었다. 철도와 매스미디어는 근대의 공간과 시간을 압축하는 가장 큰 계기가 되었다.

박람회의 시간은 근대사회, 근대건축의 시간을 모두 함축하고 있다. 과거와 현재와 미래를 잇는 시간, 확장하는 공간 안에 모여든 상품을 경험하는 시간의 축지법, 미래와 일상의 단절 사이에서 생겨난 스펙터클한 광경, 실제 기계의 이동으로 경험하는 시간, 공기와 공사비 단축을 위한 새로운 공법으로 구현되는 시간, 임시 건축물이라는 시간, 그런 배경에서 숙성된 근대건축 공간의 일시적인 특질, 철도와 매스미디어라는 사회생활 속의 시간, 공간 안을 배회하며 공간과 사물을 구경하며 시간을 보내는 대중의 출현 등은 박람회가 보여준 근대건축의 모든 시간을 표현하고 있었다.

계측되는 시간과 하얀색

시간표

찰리 채플린Charles Chaplin의 영화 〈모던 타임스Modern Times〉는 근대라는 시대를 풍자한 영화다. 이 영화는 시간은 생산량이며 생산량은 이윤이라고 여기는 당시 자본주의 제도를 비판한다. 이 영화는 화면을 가득 채운 시곗바늘이 6시를 향해 움직이는 것으로 시작한다. 여기에서 시계는 하루에 일정한 시간 동안 노동하는 노동자의 균질한 시간을 암시한다. 이와 같은 근대사회와 건축의 시간은 지금 우리에게도 익숙한 시간 감각이다.

근대에는 시간을 계측하는 시설이 나타났다. 공장이나 철도역 등은 물건을 생산하고 사람들을 실어 나르는 시설로 이해하지만, 실은 효율적이고 정확한 '시간'을 실천하기 위한 시설이었다. 철도역이 등장하자 시간은 분으로 쪼개졌다. 철도가 생기기 이전에는 대체로 1시나 2시, 조금 더 나누면 2시 반 정도로 생활하던 것이, 14시 25분 출발, 21시 19분 도착이라는 식의 분 단위로 쪼개진 것이다. 그리고 이것은 점차 생활에 그대로 적용되었다. 공장도 마찬가지고 심지어 학생들이 공부하는 학교에서도 정해진 시간표에 따라 공부했다.

근대건축이 시간을 공간에 표현하고자 했던 것은 예술적이고 철학적인 의미에서가 아니라, 이처럼 기술의 발달, 철도나 공장의 출현에 의한 것이었다. 근대의 세계관은 공간만이 아니라 시간도 균질해지고 계측 가능한 것으로 파악했는데, 근대 시설은 이런 근대적 시간관념을 실현하는 것으로 새롭게 고안되었다.

배제와 순간의 시간

재료와 시공법의 시간도 마찬가지다. 근대건축 이전에 사용된 돌, 벽돌, 나무, 기와와 같은 재료는 시간의 흐름에 따라 노후되는 재료들이었다. 그러나 근대건축에서는 투명한 볼륨을 가진 공간을 실현하기 위해서 내부와 외부를 차단하고 비물질적인 느낌이 드는 피막으로 외관을 만들고, 공업화된 재료, 표준화된 재료를 연속하여 반복 사용함으로써 공사 기간을 많이 단축했다. 시간과 함께 변해가는 재료보다는 시간이 지나도 헐지 않는 화학 재료가 많이 사용되었는데, 지금도 우리를 둘러싼 방들은 거의 대부분 화학 재료로 되어 있다.

그 결과 건축물은 시간이 지나도 언제나 깨끗하고 투명하게 보이게 되었지만, 기존 공업 제품의 생산 규격과 공기 단축을 위해 교환되고 접합되는 부재는 오히려 이것이 원인이 되어 건물을 빨리 노화시켰다. 이는 자본주의 경제에서 신품이 중고보다 비싸고, 판매된 시점이 가장 비싼 것과 깊은 관계가 있다. 시간에 무관하게 언제나 새것으로 보이는 순간의 가치를 우선하게 된 것이다.

근대건축은 시간을 줄이고 줄여서 0과 같은 상태가 되는 것을 이상으로 여겼다. 미스 반 데어 로에의 주택처럼 언제 어디서나 투명하게 같은 방식으로 서 있는 건물이면 시간을 0으로 만드는 것과 같다. 콘크리트로 표면을 균질하게 하고 장식도 없었다. 초기 근대건축이 즐겨 사용하던 하얀색은 완성된 순간의 색깔이었다. 물론 유럽의 중세도시나 지중해 연안의 주택이 밀집된 곳에서 하얀 벽은 다른 집에 빛을 비춰주는 반사면이지만, 근대건축의 하얀색은 이와는 전혀 다른 목적으로 선택되었다. 의사가 하얀 가운을 입는 것은 더러움을 금방 찾기 위해서이지, 순수한 모습을 보여주기 위함이 아니다. 그러나 근대건축은 1년만 지나면 더러워지고 10년이 지나면 더욱 더러워지는 하얀 벽면을 이상으로 여겼다. 하얀 벽면은 이상적이고 정적이며, 완성된 순간의 색깔이고 주위 환경으로부터 독립하는 색깔이다.

하얀 입체는 순간적인 아름다움을 위해 있었다. 그런 이유에서 르 코르뷔지에Le Corbusier의 사보아 주택은 사람이 살고 있지 않은데도 언제나 새하얗다. 금세 더러워지기 때문이다. 이처럼 근대건축의 대부분은 시간을 없애는 건축, 순간의 가치를 중요하게 여기는 건축을 지향했다. 그러나 건축이 가져야 할 시간은 순간이 아니다.

그리스 신전은 오랜 시간이 지난 지금은 돌만 남아 있다. 그러나 이 신전이 지어졌을 당시에는 그 위에 갖은 색채를 칠하고 화려한 장식을 하고 있었다. 그리스 신전이 순수하게 돌로 만들어진 것인지 아니면 그 위에 색을 칠해 장식을 했는지는 신고전주의 시대에 매우 커다란 논쟁거리였다. 그러나 고고학적인 조사로 파르테논Parthenon은 매우 화려하게 칠해졌고, 그 위에 갖은 장식이 그려져 있었음이 밝혀졌다. 그런데도 근대건축의 시선으로 보았을 때 아무것도 칠하지 않고 하얀 대리석 그대로 있는 파르테논이 더 좋았다.

코르뷔지에의 가르셰 주택Garches house을 찍은 한 장의 흑백 사진을 보면, 그가 순간이라는 시간을 얼마나 강조하려 했는지 알 수 있다. 부엌에 생선 한 마리가 놓여 있고, 선풍기는 생선의 머리를 향해 바람을 불어줄 듯이 놓여 있다. 생선은 요리를 하려고 냉장고에서 막 꺼내온 것 같은데, 식사를 준비하는 사람은 잠시 어딘가 나갔다는 느낌을 준다. 생선 옆의 커피포트와 커피잔은 막 일을 하고다가 중지된 듯 정돈되어 있지 않다. 전체적으로 어색하고, 사진작가에게 순간적인 느낌, 동적인 느낌, 실제 생활이 진행 중인 것처럼 보이게 하려고 세팅했다.

배제하는 순간의 시간은 오늘날에도 계속되고 있다. 20세기의 건축관으로는 준공한 시점에서 건축을 평가한다. 건축 잡지에 실리는 사진은 준공하고 나서 얼마 안 되어 찍은 사진이다. 시간이 한참 지난 후에도 그 건물을 대변해주는 건 그 사진이다. 그러나 건축 작품이 가장 비싼 가치를 보여주는 때는 준공되었을 때가 아니라 건축 잡지에 준공 사진이 소개되었을 때다. 어떤 과정을 거쳐 지어졌는지, 준공 이후 어떤 과정을 거쳐 이런 모습으로 조금은 변화하며 쓰임새에 익숙해졌는지 하는 관점보다는, 입주하기 바로 직전에 찍은 순간의 사진에 가장 높은 가치를 매긴다.

동시성의 시간

미래파의 시간

이탈리아 화가 움베르토 보초니Umberto Boccioni는 〈미래파 회화 기술 선언Manifesto dei Pittori Futuristi〉에 이렇게 썼다. "공간은 이제 존재하지 않는다. 눈부신 전등 밑에 적셔 있는 포장도로는 지구의 중심을 향해 가라앉고 있다. 모든 것은 움직이고 모든 것은 급속하게 변화하고 있다. …… 달리고 있는 말은 다리가 스무 개이며 그 움직임은 삼각형이 된다. 우리가 소파에 앉으면 몸이 소파에 들어가고 소파가 몸에 들어간다. 도시의 전차는 집들 속에 빠져들고 집들은 전차를 먹고 녹여 버린다." 우주의 다이너미즘dynamism이 소파에 들어오고 전체가 집 안으로 달려 들어오는 속도와 시간을 묘사하고 있다.

그는 이렇게도 표현했다. "질주하는 버스 안의 열여섯 명은 당신 주변에서 각각의 순간에 한 사람이 되고, 열 명이 되고, 네 명이 되고, 또 세 명이 된다. 사람들은 그 순간에 움직이지 않으며 위치를 바꾼다. 사람들은 나타났다고 생각하면 사라져간다. 그들은 가로 안에 뛰어드는 듯이 보이고, 갑자기 빛에 삼켜져서 다음 순간에는 되돌아와 당신 앞에 앉아 있다." 그래서 미래파는 시간과 공간을 회화 속에 표현한 것이 특징이다. 이탈리아 화가 자코모 발라Giacomo Balla는 인물을 연속 촬영한 에티엔쥘 마레Étienne-Jules Marey의 사진을 참고하여 산보하는 개와 사람의 발이 움직이는 것을 화면에 그렸다고 설명한다.

버스 안에 있는 열여섯 명이 길 한가운데 나타나고 겹쳐져서 네 명이 되었다가 모두 겹쳐져서 한 명도 된다. 그러나 미래파는, 사물은 연속해서 움직이지만 표현은 비연속적인 상으로 분해해서 보고 있다. 연속하는 움직임을 부분의 순간으로 해체한 것이다. 따라서 미래파의 회화 속에 나타난 공간과 시간은 공간과 순간의 결합이었다.

다중노출의 시간

기디온의 '시공간'은 입체파의 다시점多視點을 염두에 둔 것이다. 그러나 그것은 사람이나 물체의 움직임을 다중노출로 촬영한 한 장의 사진과 같은 상태를 뜻했다. 한 장의 사진 속에 다중노출로 찍힌 여러 순간이 시간이고, 사람이나 물체가 점하며 변화하는 위치가 공간이었다. 이렇게 시간과 공간이 한 장의 사진 위에 동시에 표현된 것을 기디온은 '시공간'이라고 이름 지었다.

기디온은 '시공간'을 동시성同時性, simultaneity이라는 용어로 그 특징을 설명했다. 라디오는 사람들에게 전혀 다른 동시성을 체험하게 했다. 비록 떨어진 지점에 있어도 방송이 개입하면 사람들은 같은 정보를 순식간에 공유할 수 있게 되었다. 모더니즘은 방송으로 동시성의 공간을 만들었으며, 근대건축은 이런 동시성을 건축으로 표현하고 싶어 했다.

그런데 다중노출의 순간은 사진을 위해 존재하고, 사진이란 한순간의 모습을 찍는 것이므로 다중노출은 아무리 위치 변화를 연속적으로 찍어도 인화지 위에 프린트되어 있을 뿐이다. 고대 그리스 철학자 제논Zēnōn의 역설에 의하면 운동하고 있는 물체가 어떤 거리를 통과하려면 그 거리의 반을 통과해야 하고, 또 그 거리의 반을 통과하려면 또 그 반을 통과해야 하는 것을 무한히 반복해야 한다. 따라서 결국 운동은 존재하지 않는다는 것이다. 왜냐하면 그는 각각의 운동을 정지 화면처럼 순간으로 분할했기 때문이다. 제논의 동시성은 기디온의 '시공간'처럼 순간을 연속적으로 인화한 인화지에서만 가능하다.

본래 시간과 공간은 아무런 공통점이 없다. 속도는 거리를 시간으로 나눈 것이다. 그래서 시간과 공간이 모두 수치로 파악되어야 하고, 수치에 따라 시간이 공간이 되어야 한다. 그런데 이 지점에서 저 지점까지 빠른 속도로 움직이면, 거리가 축소된 듯이 느껴지는 것A은 그 이전에 느린 속도로 움직였을 때B와 비교해야 거리가 축소되었다고 느껴진다. 따라서 '시공간'은 시간이 공간이 되고 공간이 시간이 된 것이 아니다. 그것은 시간을 속도로 공간화한 것이 체험된 것, 곧 거리공간 A와 거리공간 B를 비교한 것이다. 경험한 것은 시간이 아니라, 빨리 달린 자전거나 자동차의 기능이나 효율이다.

그런데도 기디온은 수학자 헤르만 민코프스키Hermann Minkowski의 다음과 같은 말을 인용한다. "지금부터 공간 그 자체와 시간 그 자체는 그림자 속으로 사라질 것이며, 이 두 가지의 합체만이 독자적인 실체를 유지할 것이다."[13] 그러나 역설적이게도 이와 같은 민코프스키의 말은 존재가 시공간적으로 나뉠 수 없음을 말한 것이다.

시간의 건축

공간의 시간화
공간과 시간의 압축

근대화가 일으킨 것 중에서 가장 중요한 것이 무엇인가를 묻는 물음이 많다. 이에 대해 공통적으로 지적하는 것이 시간과 공간의 질적인 변화다. 도시 안에서는 움직임이 끊임없이 일어난다. 입체파나 미래파를 인용할 필요도 없이 지하철을 타고 다니는 현대인은 매일 공간과 시간의 결합을 경험하며 산다.

그런데 지하철 움직임의 경험은 색다르다. 나는 어떤 공간 안에 앉아 있고 균질한 터널 안을 움직이게 된다. 그러나 내가 공간적으로 움직인 것은 없다. 이렇게 이동하는 사람이 인식하는 도시상都市像은 걸어다니는 산책이나 자동차를 타고 다니는 이동으로 얻는 인식과 전혀 다르다. 단지 나는 압축된 시간을 경험할 뿐이다. 이 역에서 저 역까지 걸리는 시간을 인식하고 경험하는 것이지, 이동하면서 공간을 인식하는 것이 아니다. 그리고 멈춘 역과 그 역 주변에서 내가 본 공간을 콜라주해 보는 것이 일상 도시의 경험 방식이다.

이런 시간과 공간의 질적인 변용을 영국 지리학자 데이비드 하비David Harvey는 '압축compression'이라고 불렀다.[14] 자동차나 비행기로 먼 거리를 짧은 시간에 도달한다든지, 하루의 활동 범위가 옛날에는 생각도 못했던 방식으로 확대되었다. 매일의 생활은 분 단위로 움직인다. 또 정밀한 시간 단위로 움직이는 직업도 많아졌다. 시간과 공간의 변용은 자본주의의 발전과 깊은 관계가 있다. 상품의 생산, 분배, 소비, 노동 그리고 이에 따른 가족, 기업, 국가의 존재 방식은 시간과 공간적 측면에서 구체적으로 바뀌었다.

공간과 시간이 압축되었다는 것은 어려운 개념이 아니다. "시간을 산다, 다산에 산다." "별내선으로 다산에서 잠실까지 30분 대. 지하철 8호선 별내선 연장 운영 예정." 남양주 다산 신도시 아파트 분양 광고문이다. 부동산의 가치를 다산이라는 장소에 시간을 곱해 설명하고 있다. 부동산의 물건에 주소를 표시하고, 그곳에서 도심까지 교통수단으로 시간이 얼마나 걸리는가로 나타내는 것이 오늘날의 부동산 광고다. 주택 물건의 가치는 물건 그 자체에 주변 환경만이 아니라 물건의 소재지와 도심이나 부도심까지의 소요 시간으로 결정된다.

시간지도

스마트폰 지도를 보면 출발지와 목적지를 설정하고 목적지까지의 최적 루트를 검색한 다음, 걸어서 갈 것인지, 버스로 갈 것인지, 자동차나 자전거로 갈 것인지에 따라 시간이 정해진다. 이 검색 자체가 어떤 미디어로 갈 것인지에 따라 공간과 시간이 함께 나타난다. 어떤 지점에서 일정한 시간에 갈 수 있는 범위를 그린 지도를 등시간지도等時間地圖, isochrone map라고 한다.

시간거리지도도 있다. 지도는 공간인데 이에 시간이 곱해진 것이다. 거리로 따지자면 서울에서 청주가 부산보다 가깝지만, 가는 데 걸리는 시간으로 보자면 비행기를 타고 부산에 가는 것이 버스로 청주에 가는 것보다 가깝다. 일상생활에서도 어디에서 어디까지 택시로 30분 걸린다고 하지, 25킬로미터 떨어져 있다고 말하지 않는다. 공간적으로 가깝다는 것은 두 지점 사이의 거리가 짧다는 뜻이지만 시간적으로는 달리 말할 수 있다. 이것이 공간과 시간의 관계다.

그러나 이렇게 볼 수 있는 원인은 버스냐 비행기냐 기차냐 하는 교통이라는 미디어가 변하고 빨라졌기 때문이다. 그러므로 이것은 근대건축이 이루어 놓은 새로운 공간을 기디온이 말한 '시공간' 개념으로는 전혀 파악할 수 없다. 그것은 시간을 공간으로 바꾸어 표현하려 했다. 그러나 위에서 말한 공간과 시간의 관계는 이와는 전혀 반대다. 공간을 시간으로 바꾸어 놓은 것이다.

시간지리학

시간지리학time geography이 있다. 사람의 생활 행동을 공간과 시간에서 나타나는 궤적으로 파악하고 생활 행동의 배후에 있는 사회 문제를 공간과 시간으로 함께 다루는 학문이다. 시간지리학이 흥미로운 것은 사건의 배치나 관계를 지도라는 평면 위에 분포하고 배치하며 기술한다는 점이다. 이 지리학에서는 활동 경로activity path가 개인의 활동을 하나의 궤적으로 표시하며, 활동 경로의 기울기로 이동속도를 나타내고, 개인이 일정한 장소에 머물며 활동하면 시간축은 평행한 궤적을 그린다. 정류점停留點, station은 특정한 활동이 일어나는 장소인데, 물건을 사려고 방문하는 쇼핑센터가 그런 예다.

집과 학교를 오가면 이 두 정류점을 하루에 왕복하므로 '하루 경로daily path'라고 한다. 작은 도시에 사는 한 사람의 활동을 그릴 수 있고 여러 사람의 개인 경로도 그릴 수 있다. 사람들의 일상적인 활동은 시간의 경과 속에서 공간적으로 이동하며 행해진다. 그리고 사회는 사람들 각각의 구체적인 활동을 통해 매일이 만들어지고 재생산된다. 이렇게 되면 도시의 토대는 땅이 아니라 시간인 공간이다.

24시간 계획

도시의 많은 시설이 24시간 문을 열고 영업을 한다. 이것은 상업 분야만이 아니다. 기술의 발달에 힘입어 웬만한 공공서비스, 은행 업무, 교육 서비스도 24시간 이용이 가능하다. 새벽에도 쇼핑할 수 있고 인터넷으로 진료가 가능하며 화요일 아침에도 레저 활동을 즐길 수 있는 사회가 되어 간다. 이제까지처럼 전통적으로 아침과 저녁, 주중과 주말 등으로 시간을 구분하는 것은 의미가 사라지고 시간에 대한 새로운 관계가 요구되고 있다. 정보 기술이 발전함에 따라 업무 환경이 급진적으로 변화했기 때문이다. 이런 시간을 살고 있는 사회를 레온 크라이츠먼Leon Kreitzman은 『24시간 사회The 24 Hour Society』[15]라고 불렀다. 이것은 삶을 제약했던 시간이 붕괴되면서 나타난 역동적인 도시 현상이다.

이전에 많은 사람이 도심을 떠나 교외나 신도시로 이동하면서 도심은 공동화했으나, 24시간 사회의 도시에서는 24시간 작동하는 생활을 담는 공간으로 바뀌어가고 있다. 주거, 상업, 녹지 등으로 구분하여 사람의 생활을 합리화한 종래의 도시계획은 풀 수 없는 과제가 나타나게 된 것이다. 심지어 신체 리듬까지 바꿀 정도로 도시민의 일상생활이 크게 바뀌어가고 있음을 보여준다.

저자는 책에서 '24시간 사회'는 이미 시작되었으며 아주 가까운 미래에 일반화될 것이라고 보았다. 24시간 사회는 경제적인 이득을 줄이지 않고도 주체적으로 삶의 패턴을 다시 구성할 수 있게 해준다. 도시의 빈 땅을 오전에는 주차장으로 사용하다가 저녁에는 포장마차에 빌려주고 다시 밤 12시가 넘으면 드라이브인drive-in 극장으로 사용한다. 그렇게 되면 건물을 짓지 않아도 같은 공간으로 세 가지 기능을 만족시키는 결과를 얻을 수 있다. 시간이 공간을 만들어내는 것이다. 24시간 사회에 대응하는 시간의 계획 방식이다.

오늘날 대도시의 생활은 이전에는 없었을 정도로 크게 펼쳐지고 있다. 세계의 대도시에는, 세계적인 규모의 대조직에서 정보를 발신하는 개인에 이르기까지 서로가 공존하면서 리얼 타임으

로 연동하고 있다. 이러한 도시에서 활동하는 사람들의 생활환경
도 크게 변화하여 직주職住를 함께하는 공간을 가진 복합 시설이
요구되고 있다.

네덜란드 건축사무소 OMA도 이와 같은 방식으로 요코하
마 어시장을 24시간 가동하는, 즉 도시의 한 영역을 활성화하는
프로젝트를 보여주었다. 어시장의 활동 피크는 이른 아침이지만,
시간대가 달라지면 활동이 일시 정지한다. 그런데 이 대지는 거대
한 주차장이 있는 두 개의 시장이 있고 철도와 고속도로가 있으
며 선박도 들어온다는 조건을 이용하여, 같은 장소에 피크 시간대
가 다른 여러 용도가 동시에 나타나도록 계획했다. 시장, 전시장,
쇼핑센터, 식당, 영화관, 스포츠센터 등 공간을 24시간 가동하는
도시를 만들어 어시장을 활성화하고자 했다.

이것은 행위 밀도의 시간적인 변화를 나타내는 다이어그램
통계자료에 기반을 두고 있으며, 시장 공간이라는 단일한 장에서 서
로 다른 시간대에 다른 행위가 생성되게 만드는 프로그램을 보여
주고 있다. 널찍한 주차 공간, 철도, 차, 선박 등이 다 모이는 장이
라는 점을 살림으로써 도시적인 고밀도를 높인다는 것이다. 이것
은 건축물을 설계하는 것이 아니라, 무정형의 유동적인 장을 구
축하고, 대지 안에서 자발적인 이벤트를 만드는 프로그램을 적층
하여 설계하고 있다. 이것은 도시의 자료화, 자료의 가시화로 구축
되는 도시 프로젝트를 이끄는 것이다.

속도와 '과잉 노출 도시'
실시간

과거에는 보낸 편지를 받아보려면 짧으면 며칠, 길면 한 달도 걸렸
다. 그러나 지금은 수백 장의 서류도 단 몇 초면 지구 반대편에 정
확하게 도달할 수 있다. 내가 이메일을 보낸 시간은 오전 9시인데,
받는 사람은 몇 초 뒤 현지 시간으로 오후 11시에 받아볼 수 있다.
그런데 이때 이곳의 오전 9시와 저곳의 오후 11시를 비교하는 것
은 아무런 의미가 없다. 이 이동은 '실시간real time'으로 이루어졌으

며 가까운 곳과 먼 곳의 차이도 사라졌고 지구 반 바퀴의 거리감
도 사라졌다. 가까운 데 있기 때문에 이웃도 아니며 아무리 먼 곳
에 있는 이라도 나의 이웃이 될 수 있다.

실시간 통신이 가능하므로 모든 공간은 하나의 시간에 통합
된다. 영어로 '리얼 타임real time'이란 기록이나 방송 등이 '즉시의'
'동시의' '순간의' '대기 시간이 없는'이라는 뜻을 가지고 있다. 따라
서 이것은 실제로 걸린 시간이라는 뜻이 아니다. 시간이 어떤 간
격 없이 순식간에 일어나는 것을 실시간이라고 한다.

오늘날의 통신은 근대에 나타난 운송 수단과 비교가 안 되
는 속도를 가지고 있으므로, 현실의 공간이 달리 지각되는 것은
근대건축과는 비교가 안 된다. 기디온의 '시공간' 개념은 이에 비
하면 거의 초보적인 상태이며 미적으로 가공할 수 있는 정도에
지나지 않았다. 현대에서는 '지금'이라는 현재 시간과 '여기'라는
현재 공간의 의미가 크게 상실되어 있다. 그래서 공간과 시간이 소
멸되었다고까지 말하고 있다.

속도란 거리를 시간으로 나눈 것이다. 거리가 공간이므로 속
도는 공간을 시간으로 나눈 것이다. 그런데 실시간 통신을 하게
만든 새로운 매체 기술이 정보를 보내는 속도는 가히 빛의 속도로
공간도 시간도 해체해버리고 있다. 그 결과 오늘의 기술 매체는 모
든 존재의 물질적인 속성을 해체시킨다. 그리고 존재의 기본 범주
인 시간과 공간을 해체시킨다. 그러니 결국은 사람의 신체도 해체
될 것이다.

역사란 어느 것이 그 사건이 일어난 지역의 현지 시간으로
형성된 것이다. 프랑스 역사는 프랑스의 현지 시간에 의한 것이고,
미국 역사는 미국의 현지 시간에 의한 것이다. 그런데 리얼 타임
을 이용한다는 것은 역사적인 시간과 관계없는 시간이 흐른다는
것이다. 리얼 타임이 곧 세계 시간이 되었다.

과잉 노출 도시

건축가이며 첨단의 현대사상가인 폴 비릴리오Paul Virilio는 1963
년에 건축가 클로드 파랑Claude Parent과 함께 '건축 원리Architecture
Principe'라는 단체를 창설하며 건축적인 업적을 남기기도 했다. 비
릴리오는 속도를 이렇게 말한다. "속도는 하나의 현상이 아니라 현
상들 간의 관계, 상대성 그 자체다. …… 속도는 하나의 환경이라고
말할 수 있다. 속도는 두 지점 간의 시간이 아니라 전달 수단에 의
해 생겨난 환경을 수반한다."[16] 속도는 단순히 시간과 관련된 빠르
기가 아니다. 속도는 하나의 환경이다. 우리는 지구의 표면에 살고
있을 뿐만 아니라 속도 속에 살고 있다. 속도는 환경의 한 가지다.
자동차는 비행기나 도보와 자전거와는 다른 속도 환경이다.[17]

　　그는 이러한 기술이 시간에 대한 인간의 지각을 변화시켰
다고 말했다. 시계열적時系列的이며 역사적인 시간은 모든 것이 순
간적으로 나타나는 컴퓨터 스크린과 텔레비전의 리얼 타임에 항
복하고 말았다는 것이다. 리얼 타임은 물리적인 거리 개념을 없앤
다. 우리가 전 세계를 이동하는 속도가 빠르면 빠를수록 우리는
그 광대함을 알지 못한다. 장소의 정체성이나 집단적인 기억은 지
역의 시간에 존재했던 것이다. 그러나 '과잉 노출 도시'에서 이것
은 이질적인 것이 되고, 지역적인 시간, 역사적인 시간이 사라지고
실제 공간도 사라진다. 심지어 실제 공간의 도시화는 실제 시간의
도시화로 바뀌고 만다. 이것은 컴퓨터나 텔레비전의 논리에 기반
을 두는 도시를 새롭게 만들어낸다.

　　옛날에는 성이 있었고 성벽과 성문으로 경계가 뚜렷했다.
그래서 '도시 안에 들어간다.'고 했으나 이제는 그렇게 말할 수 없
게 되었다. 우리는 더 이상 도시 앞에 놓여 있는 것이 아니라 그
안에 놓여 있다고 생각한다. 성벽만이 아니라 건축도 사물도 경
계는 변하여 인터페이스interface가 되었다. 이렇게 되면서 컴퓨터
나 텔레비전의 스크린 인터페이스가 정보의 표면이 되었다. 그러
나 그것은 거리와 깊이를 잃은 것이다. "모든 표면은 일정한 행위
가 지배적인 두 개의 환경 사이에 놓인 접면接面으로, 서로에 대해

접촉하고 있는 두 개의 실체들 사이에서 일어나는 상호 교환의 형식을 취한다."[18]

비릴리오는 다양하게 발전한 매체의 속도가 지각을 어떻게 바꾸었는지 논의한다. 근대에 달리는 열차를 탄 사람이 바깥 풍경을 바라볼 때는 영화관의 스크린을 통해 영화를 보듯이 열차와 함께 흘러가는 이미지를 보았다. 그러나 이런 이미지는 언제나 잔상으로만 남는다. 이전에는 눈으로 볼 수 없었던 속도와 움직임을 광학기계로 볼 수 있게 되었다. 시각과 기계가 하나로 통합된 것이다. 광학기계의 발달로 화면을 구성하는 가장 기본 단위인 픽셀 pixel, picture element, 즉 화소畵素로 인공적인 시각을 지각하게 되었다.

비릴리오는 스크린으로 계속 다시 구축되고 있는 동적인 도시를 '과잉 노출 도시overexposed city'라고 이름 붙였다. 이것은 정보 기술의 영향을 받은 도시의 비물질화를 의미한다. 이런 도시를 만드는 건물은 건물 안쪽의 구조적이며 기능적인 논리에 반응하지 않는 경계가 뚜렷한 막과 같은 스킨으로 되어 있다. '과잉 노출 도시'는 오직 가로에 대해서만 관심을 기울이는 상업주의 건물로 채워져 있다. 그래서 도시의 형태는 건축에서 나오지 않는다. 이것은 계속 생산되는 이미지의 흐름, 무게도 없고 일관성이 없는 도시의 비물질적인 입면으로만 되어 있다. 변치 않는 것은 하나도 없고 모든 것이 동시에 존재하는 장소를 '과잉 노출 도시'라고 한다.

공간이 시간으로 무한히 쪼개지고, 거리가 속도로 변화하며, 의사소통이 순간적으로 일어나면, 건축이 기반으로 하는 장소는 분해된다. 직장에서 일하지 않고 집 안에서 일하도록 바뀜으로써 집과 일터 사이의 거리는 사라지고, 직접 만날 일이 사라지면 개인의 관계는 단말기, 키보드, 스크린으로 이어진다. 그 결과 우리의 일상은 신체적 존재로부터 점점 멀어지게 된다.

5분 도시

네덜란드 건축가 그룹 MVRDV의 비니 마스Winy Maas가 쓴 『5분 도시Five Minutes City』는 도시를 이동 시간으로 다시 파악하거나 정의하려는 시도다. 이것은 로테르담과 뉴욕이라는 두 도시에서 각각 보행, 자전거, 자동차, 대중교통 기관으로 5분 또는 60분이라는 시간 안에 어떻게 그 도시를 사용하는가를 기록하고 탐색한 작업이다. 당연히 이 두 도시는 빈도수, 거리, 속도, 정차 패턴 등에서 기능이 모두 다른데, 5분 이내에 모든 것을 재현할 수 있도록 이를 다시 설계한다는 것이었다. 신체 스케일만이 아니라 도시 스케일에서 관찰되는 속도, 시간, 접근 가능성으로 도시가 어떻게 구축될 수 있는지가 주된 관심이었다.

이 과제에서 그들은 과거와는 다른 속도와 시간으로 공간과 도시를 다루고 있다.[19] 사람이나 물자의 고속 운반에 전념하는 도시를 개발할 수 있는가? 그들의 물음은 구체적으로 이렇다. 고속 주행과 상품 유통을 가능하게 해주는 시스템과 건축은 어떤 것일까? 가장 짧은 시간에 지적으로 접근하게 해주는 프로그램은 어떤 것이고, 그 프로그램에서 건축은 무엇을 할 수 있을까? 그러한 도시는 어떻게 지각될까? 만일 차가 유일한 운송 수단이라면 이렇게 세운 가설은 5분 안에 어떻게 될까? 또는 대중교통으로만 접근된다든지 걸어가야 한다면 이런 도시는 어떻게 될까? 이렇게 두고 볼 때 콤팩트한 도시에 대한 지식은 어느 정도 필요할까? 속도 빠른 도시가 된다면 어떻게 될까? 속도가 미래의 도시에 이상적인 개념일까? 미래의 도시에서는 새로운 인프라가 지속 가능하게 발전할 수 있을까? 도시를 시간으로 묻는 물음이 흥미롭다.

이들이 설계한 '플라이트 포럼Flight Forum'은 에인트호번의 물류창고군과 사무소 등으로 이루어진 계획이었다. 간선도로를 따라가면 임대료가 높다는 부동산의 조건을 받아들이면서 도로를 시속 50킬로미터로 주행할 수 있게 편도 2차선인 4차선 곡선도로를 만들고, 무기질적인 상자가 연속된 도로와는 다른 도로를 검토하며 이를 네트워크상으로 접속하게 했다. 안전 운전을 위한 속도, 교차점의 장치, 어디에서나 나타나 통행을 방해하는 인터체인지를 다시 생각하고, 도로에서 주차장이나 물류 하적장에 접근하게 했다. 그러나 건물의 파사드를 생각하지 않았다. 그 대신 24시간 광고와 네온이 이를 대신하며, 도로에 대응하는 여러 시설을 계획했다.

그랬더니 마주 오는 차가 없었고 교통신호도 필요 없어졌다. 이에 보행자가 안전하게 이동할 수 있는 외부 공간 마련이 가능해졌고, 주차장과 곡선이 일체가 되어 새로운 풍경이 만들어졌다. 시간과 속도가 교통 체계와 외부 공간을 전혀 다르게 해석하도록 해준 것이다. 이처럼 정보와 데이터란 그저 무미건조한 것이 아니며, 건축가의 연구 자세에 따라 건축의 조건을 새롭게 해석하고 새로운 장소성을 발견할 수 있는 단서가 되기도 한다.

일시적 건축과 도시
일시적 건축

일시적으로 지은 건물인데 영속적인 건물로 남겨진 예도 있다. 파리의 에펠탑은 1889년 파리 만국박람회를 위해 세워진 일시적 구조물이었는데 유명해져서 영구적인 것이 되었다. 이와는 달리 수력발전소를 건설하기 위해서 모든 공동체가 일시적으로 구성된 메사우레Messaure에는 2,000명 이상이 살았고 주택, 학교, 도서관, 우체국 등이 일시적으로 세워졌다. 그러나 그 뒤 공동체는 해체되었고 건축은 댐이 완성된 뒤 다른 건설 현장으로 옮겨졌다. 옛 가로 격자, 도로표지, 건물의 기초가 아직 남아 있지만 지금은 숲으로 덮여 있다.

일시적 건축이란 새로운 것이 아니다. 일시적 건축물을 영구하지 않은 것으로 보면 선사시대의 오두막집이나 피난처, 중세의 무대 세트, 근대의 서커스나 만국박람회, 현대의 모바일 홈뿐만 아니라 프리패브prefab에 이르기까지 재해 구원 시설 등도 일시적인 건축물이다. 스미슨 부부Alison & Peter Smithson가 〈런던 데일리 메일 아이디얼 홈 전시회House of the Future for the Daily Mail Ideal Home Exhibition〉에 출품한 주택도 일시적 건축물이었다.

바르셀로나 파빌리온Barcelona Pavillion은 1928년 2월부터 시공을 시작하여 1929년 5월 만국박람회가 개막한 이후에도 별동인 관리사무동동을 사용할 수 있게 된 것은 8월이었다. 그리고 만국박람회가 폐막된 1930년 1월 이후 철거했으니 사용 기간은 6개월도 안 된다. 임시건물이었고 개관한 이후에도 계속 공사하다가 철거된 건물이 근대건축의 가장 중요한 건물이며, 가장 창조적인 공간을 보여준 건물이었다는 점은 아이러니한 일이다.

미래의 목표를 향해 도시를 완전한 형태로 만들려고 마스터 플랜을 세운다. 그리고 건축은 언제나 내구성이 강한 것이라고 생각한다. 그러나 완전한 형태를 갖출 수 없게 계속 변해야 하는 것이 도시이고, 오래 사용될 것이라 여긴 건물도 사용, 가치관, 기능, 경제라는 점에서 끊임없이 변화한다. 창고는 아파트로 바뀌고, 영구적이라고 생각한 구조도 일시적인 것으로 바뀐다. 네바다Nevada 사막에서 6만 8,000명이 '실험 공동체experimental community'•에 참가하고 싶어 매년 이곳에 집을 짓는다. 도시라고 말할 수는 없지만 이러한 시간으로 형성되는 도시 공간 또는 도시 공동체에 대해서도 똑같은 인식을 가질 필요가 있다는 것이다.

사회학자 피터 비숍Peter Bishop과 레슬리 윌리엄스Lesley Williams는 『일시적 도시The Temporary City』[20]에서 왜 우리는 짧은 시간에 잠정적으로 일어나는 도시 안의 활동은 분석하지 않는가 하고 반문한다. 또 이들은 장기적인 계획에 포함될 수 없는 일시적인 활동을 도시와 건축으로 유연하게 논의해야 한다고 주장한다. 일시적 건축과 일시적인 도시는 변화하는 장소, 융통성, 적응성, 대체성이라는 개념과 관계가 있다. '일시적 도시'라는 개념도 있는데, 이는 도시를 '시간'으로 판별하는 자세에서 만들어진 도시다. 그런데 건축가나 도시 설계가 이러한 일시적인 활동에 익숙하지 못한 이유는 그들이 받는 전문적인 훈련과 전략은 대부분 시간이 개입되지 않는 3차원적인 것이기 때문이다. 그러나 현실은 시간이 개입한 4차원의 것이며, 도시와 건축의 계획과 설계는 시간을 전략으로 인식하지 않으면 안 된다.

도시 안에서 공간의 구축은 비영속적인 경우가 많고 짧은 시간에도 계속 변화한다. 대도시에 점점 더 많아지는 지하 공간은 영속적이기도 하지만 한편으로는 매우 일시적이다. 대도시에는 수많은 초고층 빌딩이 서 있고 그 대부분을 광고판이 점하고 있다. 이러한 대도시의 주역은 가로수가 서 있는 도로나 녹지가 풍부한 공원이나 기념비적인monumental 광장이지만, 이것은 모두 지상의 공간이다. 그러나 지하 공간은 이와 전혀 다르다. 지하철역이 있는 지하 공간은 그 자체가 마을인데, 천장도 낮고 기념비적이지도 않다. 지하 공간은 내부 형태를 잘 알 수 없고 얼굴도 없는 공간이다. 그런데도 지하 공간에서 사람들은 제각기 다른 방향으로 오가고 교차하며 사라져버린다. 그리고 미로처럼 연결되며 확장된다. 지하 공간의 시간은 일시적이다. 오늘날에는 지상에서도 이와 같은 현상이 있지만 지하 공간에서는 일시적인 흐름이 훨씬 강력하게 나타난다.

일시적 불순물

'일시적 건축' '일시적 도시'라는 개념은 이동과 변화가 강조되어 전통적 장소의 개념을 부정하는 것으로 여기기 쉽다. 그러나 도시의 장소란 역사적인 명소에만 있는 것이 아니다. 이렇게 반복하는 일시적인 장치도 도시의 장소를 훌륭하게 이끌어낸다.

명동의 번화한 거리는 아침에는 한산한 모습을 하다가 오후 느지막하게 노점상이 나타나면서 번잡해진다. 줄지어 서 있는 이 노점상 덕분에 좌우의 고급 상점가도, 사람과 길도 명동다운 모습을 갖춘다. 이것은 베트남 호이안Hôi An에서 본 길거리 시장에서도 마찬가지다. 해가 져서 화려한 등불 아래 물건을 팔던 긴 공간을 지나갔다고 여겼는데, 다음 날 아침 그 자리는 아무것도 없는 빈 거리에 지나지 않았다. 아무것도 없는 아침의 빈 거리와 지난밤 노점상이 만들어낸 활기는 너무나 대조적이었다. 그런데도 마스터플랜만으로 계획되는 도시는 이런 '일시적 불순물'의 가치를 알아보지 못하고 오히려 이를 제거하려고 한다.

모로코 마라케시Marrakesh의 제마 엘프나Jemaa el-Fna 광장*은 마스터플랜으로는 도저히 계획할 수도 없고 분석할 수도 없다. 수

시로 변하는 '일시적 불순물'이 나타났다가 사라지고 때로는 공간을 가득 메우기 때문이다. 이 광장은 대낮에는 단지 널찍한 광장에 지니지 않는다. 물이나 카펫을 파는 사람, 거리의 연예인, 마차나 자전거 또는 오토바이를 타고 지나는 사람 등이 드문드문 보일 뿐 한산하다. 그러나 저녁이 되어 어둠이 내리기 시작하면 광장에 텐트가 서고 왜건이 줄지으며 길바닥에 카펫이 깔리면서 순식간에 형형색색의 물건이 놓인다. 한순간에 변화하는 광장 풍경에 놀라게 된다. 그 커다란 광장은 밀고 밀리는 사람들과 냄새와 연기로 가득 채워진다. 비어 있던 부분에 노점이 즐비해지고 여러 가지 구운 고기, 삶은 음식, 과일, 마실 것들이 뒤섞여서 잡다함과 혼돈을 느끼게 된다.

이러던 광장이 다음 날 아침이 되면 모두 정리되고 빈터로 바뀐다. 수레를 끌고 짐을 옮기는 사람, 아침을 준비하는 연기가 나기도 하고, 아침의 기도 소리가 들린다. 이런 광장을 시간 차이를 두고 다섯 번이고 여섯 번이고 찾아간다면 다섯 번이나 여섯 번 모두 표정이 바뀌게 될 것이다.

이 사실은 오늘의 건축과 도시를 이해하는 데 매우 중요하다. 명동길 한복판의 노점상은 이전의 도시계획 개념으로 보면 '기생'하는 것이고 '불순물'이다. 이것들은 모두 시간이 되면 나왔다가 또 시간이 되면 사라지는 시간적인 존재다. 이것은 건축과 도시가 영구적이라는 사고에서는 모두 배제되는 것들이다. 그러나 도시에 활기를 주는 것은 이런 '기생물'과 '불순물'들이다.

'일시적 건축'은 대략 1분에서 5분 정도로 신체가 지각하는 건축, 간단하게 이동하는 장치를 인정하는 건축에서 시작한다. 이것은 어떤 시간에만 존재하다가 사라지지만, 이것이 반복되기만 하면 도시 안에서 주역이 될 수 있다. 이제 건축이 독립된 오브제로 환경을 점하려 하지 않고 뒤로 물러설 때, '불순물'과 같은 일시적인 활동은 도시의 주역이 될 수 있다. 건축의 불확실성이란 수많은 사람의 일시적인 요구와 행위가 활기 있게 드러나도록 해주는 건축을 말한다.

텐트의 도시

먼 옛날 동굴은 겨울을 지내기 위한 숨을 곳shelter이었다. 더운 여름에는 동굴에서 살지 않았을 것이다. 수렵하려고 며칠 동안 먼 곳에서 지내려면 적어도 하나 이상은 일시적인temporary 주거를 갖고 있어야 했을 것이다. 이때 나무줄기와 가지로 만들어진 숨을 곳은 집이라기보다 자연 재료를 사용한 일종의 허름한 텐트였을 것이다. 인류가 수렵 생활을 접고 농사하며 땅에 정착하게 되자 이전에 사용하던 텐트가 원형의 집으로 발전했다.

어떤 곳에서 1년이고 2년이고 사는 것을 캠핑camping이라 하지 않는다. 캠핑은 내일이라도 곧 떠날 수 있음을 알고 야외에서 일시적으로 생활하는 것이다. 캠프camp는 '들'이라는 뜻이다. 그래서 이를 야영野營이라고 한다. 들에서 임시로 지낼 때는 텐트를 치는 것이 유일한 방법이다. 그 텐트 안에서는 옛날 사람들이 살던 생활을 맛볼 수 있다. 그런데 이런 텐트를 들이 아닌 도시의 거리에 칠 때, 왠지 모르게 그곳에서 서커스나 야외 연극 같은 비일상적인 이벤트가 일어날 것 같은 예감이 든다.

도시라는 측면에서 이동하기 위한 텐트는 '가지고 다닐 수 있는 주택'이다. 텐트는 외출할 때 옷을 입는 것과 같아서 건축과 옷의 중간에 속한다고 볼 수 있다. 일시적인 주거에는 약간 안심이 되지만 외부에 노출되어 있고, 머물고 있으나 곧 떠나야 하는 이중의 감정이 함께 있다. 그래서 일시적 주거인 텐트도 이와 같은 이중의 감정을 가진다.

따라서 도시 안에 텐트를 치는 것은 공적인 장소를 사적인 장소가 일시 점유하는 것이다. 캠핑은 주변에 누가 있든지 그다지 상관하지 않고 자리를 차지하지만, 도시 안의 텐트는 '가지고 다닐 수 있는 주택'이 도시의 다른 이들과 함께 섞여 있다는 느낌을 준다. 도시 안에 놓이는 텐트는 자기가 느슨한 공동체에 일시적으로 속한다는 감각을 준다.

텐트처럼 이동하는 이미지가 곧 장소를 부정하는 것은 아니다. 현대건축에서는 도시 생활을 유목민의 일시적인 '텐트' 생활에 많이 비유하지만 이 둘은 같지 않다. 이탈리아 건축가 렌초 피아노Renzo Piano가 설계한 오트란토 도시 재생 워크숍Otranto Urban Regeneration Workshop은 1979년 이탈리아 지방 도시의 역사적인 중심 시가지에 있었던 도시 재생 프로젝트였다. 이동연구실이라는 이름의 임시 시설을 중심 시가지인 광장에 세우고, 그곳에서 주민에게 간단한 기술을 소개하고, 거주자의 의지와 실천으로 도시를 재생하도록 유도하는 장치였다. 이동 시설일지라도 그 안에서 이루어지는 행위와 사람의 관계에 따라 장소의 성격은 달라진다.

렌초 피아노의 또 다른 작품인 'IBM 트래블링 파빌리온IBM Travelling Pavilion'은 IBM이 진보된 원거리 통신의 컴퓨터 기술로 언제 어디서나 워크스테이션을 설치할 수 있음을 알리기 위해 공원에도 가고 배에도 실리는 순회 전시장이다. 이 임시 구조물은 한 달 정도 전시하다가 분해되어 다시 리옹Lyon, 런던, 로마 등 20개국에서 전시되었다. 이 전시장은 힌지hinge가 세 개인 서른네 개 아치로 각종 요소가 정확하게 조립되는 현대판 텐트다. 1986년 전시회가 끝난 뒤 완전히 해체된 다음에는 다시 조립된 적이 없다. 다만 이 전시장이 영국의 건축가 집단 아키그램Archigram의 '플러그인 시티Plug-in-City' 등과 크게 다른 점은, 이 건물이 이동하면서 다른 풍경과 잘 호흡한다는 것이다. 이 작품을 보면 도시 유목민이 건축의 장소를 부정한다는 것은 사실이 아니다. 오히려 이동하는 일시적인 건축물이 장소를 일시적이나마 더 생생하게 생성할 수 있음을 가르쳐준다.

텐트란 어떤 장소에서는 일시적이지만 여러 장소를 이동하며 생활하는 것을 말한다. 텐트는 장소에 고정되어 있지 않을지언정 장소에는 속박되어 있다. 이러한 일시적인 장소의 경험이 '텐트'의 현대적 의미가 된다. 일시적인 '텐트'라는 개념으로 대도시에 지어지는 건축물의 장소와 시간에 대해 발상을 전환할 수 있다.

성장과 변화
팀 텐의 성장과 변화

건축이론가 사이먼 언윈Simon Unwin이 요약한 '사원과 오두막집'[21]을 시간의 관점에서 다시 생각하면, '사원'은 이상적인 것이며 시간에 구애되지 않는 건축이지만, '오두막집'은 시간의 흐름에 따라 확장하여 수용하고 덧붙이거나 삭제하며 풍화하는 과정 속에 있는 시간의 건축이다. 이러한 '오두막집'의 시간적인 변화는 도시의 성장과 변화에도 그대로 적용된다.

'팀 텐'은 제10회 근대건축국제회의CIAM의 준비위원이었던 앨리슨과 피터 스미슨 부부 등이 코르뷔지에, 발터 그로피우스Walter Gropius, 기디온 등의 모더니즘 건축가와 도시계획가의 사고에 반기를 든 건축운동으로, 1956년에 조직되어 1966년까지 지속되었다. 이들 준비위원회는 제10회 CIAM 주제로 '유동성mobility' '클러스터cluster' '성장과 변화' '도시와 건축'을 선정했다.

그들은 이렇게 주장했다. "건축이란 확실한 것이나 의심스러운 것 모두를 포함하여 설정 조건을 있는 그대로 받아들이는 엄격한 상호작용이다. 그래서 건축 자체에 조화로운 화음은 없다. 과거에는 끊기 어려운 관계가 있었으나 이것은 살아가는 사람들의 관계와 요인이 같다. 형태란 성장과 변화 안에서 비로소 연속해서 나타난다. 성장과 변화는 형태의 한계를 넘어 의외의 분명한 의미가 있다." 이 주제는 이전 CIAM의 기본적인 입장과 정면으로 배치되는 개념이었다. 이들은 이 주제를 앞세워 반기를 들었고 사실상 CIAM을 해체시켰다. 준비위원회 명칭인 '팀Team'에 제10회라는 뜻의 'X'를 붙여 이들의 조직을 '팀 텐Team X'이라고 불렀다.

그리고 1962년 파리에서 개최된 팀 텐 회의에서는 다음과 같은 의제를 정했다. "도시의 기본 골격과 각 건물들의 상호 개념에 초점을 맞출 것. 이제까지 커뮤니케이션 시스템은 도시의 골격 구조였다. 그 골격이 각 건물들을 조직하는 아주 뚜렷한 잠재력이었으나, 이 잠재력이 실제로 각 건물들 안에서 지속하는가 하는 문제, 바꾸어 말해 도시의 기본 골격이 건물까지 침투하는가는 아직 분명하지 않다. 그래서 현재를 받아들이고 두 가지 방향을 토론해야 할 것이다. 하나는 건물의 집합 안에 기본 골격을 삽입하는 방법, 다른 하나는 도시의 구성단위인 건물을 쌓아올려 전체상을 예측하는 방법이다."

이처럼 이들은 건축에 가장 중요한 핵심은 변화와 성장의 과정이라고 생각했다. 이것은 요구된 기능에 따라 기계적으로 건축과 도시를 구성한 CIAM의 정적인 태도와 반대되는 생각이었다. 이들의 주제는 시간이 경과하면서 생성하는 생생한 변화와, 성장이 가능하도록 동적인 골격을 어떻게 주는가에 있었다. 특히 스미슨 부부는 변하지 않는 나무줄기와 변하는 나뭇잎의 관계에 빗대어 변화와 성장에 대응할 수 있는 복합적인 골격을 생각했다.

메타볼리즘의 성장과 변화

인간의 세포는 평생토록 평균 50번 새로 생기고 변한다. 일본의 메타볼리즘Metabolism은 1960년대 건축과 도시에서 시간의 개념을 도입하여 가변성과 융통성에 대응한 공간을 제시한 건축운동이었다. 메타볼리즘은 신진대사新陳代謝라는 생물학의 용어처럼, 유기체가 세포 레벨에서 생겨나고 변화하며 재생하듯이, 도시의 구성 요소도 그와 같이 갱신되어야 한다는 것이었다.

팀 텐이 CIAM 등에서 정식화되어 있던 근대건축의 추상적이며 정적인 도시 구조를 비판하고, 건축과 도시를 가변적인 요소와 고정적인 요소로 계층적으로 파악한 것처럼, 메타볼리즘도 성장과 변화라는 시간적인 축 위에서 건축을 생각하고, 이를 도시에 넣어 '변하는 것'과 '변하지 않는 것'을 구분하고자 했다. 건축가 구로카와 기쇼黑川紀章는 "우리가 살고 있는 주택을 분해하여 재료의 수명을 조사해보면 철근 콘크리트처럼 50-60년이라는 비교적 긴 것부터 전기기구처럼 4-5년이라는 극히 짧은 것까지 일체가 되어 있음을 알 수 있다. …… 건축이란 일단 만들고 나면 그 뒤 50-60년이 되도 그대로 사용할 수 있는 것이 아니라, 완성한 때부터 변화하기 시작한다. 그래서 변화하기 쉬운 부분을 미리 바꾸기 쉽게 생각해둘 필요가 있다."[22] 그리고 "건축이란 정보의 유동이며, 도시란 유동의 건축이다."[23]라고 규정했다.

신진대사가 "인간 사회의 물질계環境 구조, 도시 구조가 열역학적 평형 상태를 향해 변화하는 방법에서 나타나는 질서-동적 안정다이내믹 밸런스의 상태"라고 정의하듯이, 메타볼리즘도 엔트로피entropy, 리듬사이클, 커넥터, 커뮤니케이션회로의 2진법, 콤팩트 공간과 놀이틈새 공간, 신기능주의, 개인 단위와 활동 집단, 제3계급 소비와 제4계급 소비에 주목했다. 또 구로카와 기쇼는 메타볼리즘 개념을 군화群化엔트로피, 단위, 확률, 다양성의 개념을 포함, 결합커넥터, 중합, 공존, 매개, 변환, 증폭, 절단의 개념을 포함, 성장증식, 교환, 분열, 파괴의 개념을 포함, 효율속도, 밀도의 개념을 포함, 유동정보류 이동의 개념을 포함 등 다섯 개로 나누었다.[24] 그리고 도시의 성장과 사회의 변화에 대응할 수 있도록 신진대사가 가능하고, 언제나 교환할 수 있게 해야 한다고 주장했다.

그러나 메타볼리즘은 건축과 도시의 관계에서도 기본적으로는 근대의 도시계획 방법을 그대로 안고 있었다. 이들은 여전히 가운데에는 축이 있고, 그것에 부분이 붙게 되며, 다시 시간이 경과하면 교체할 수 있다고 봄으로써 식물을 기계처럼 여겼다. 예를 들어 구로카와 기쇼의 나카긴中銀 캡슐 타워는 메타볼리즘이라는 말에서 연상되는 생물적인 이미지를 더 직접적으로 도시 형태로 치환한 것이다. 그의 캡슐 타워는 메타볼리즘 이론처럼 장치적이며 도구적인 접근 방식을 도입했으나, 그럼에도 이 건물은 만들어지고 나서 한 번도 갈아 끼운 적이 없다.

그러나 갈아 끼운다고 해도 큰일이다. 30년을 쓰다가 갈아 끼우려면 그 캡슐에 들어간 각종 장비와 가구, 재료 중 상당 부분이 30년 뒤에도 계획 생산되어야 하기 때문이다. 만일 건물이 설계된 당시의 부분 생산을 중단하면 작동하지 못하는 캡슐이 되고 마는 문제에 봉착한다. 따라서 메타볼리즘의 현대건축적인 발상은 높이 살 수 있지만, 이를 실현하는 방법은 건축 산업의 발전에 역행하고 마는 현실적 문제를 안고 있었다. 건축 생산과 관련되지 않으면 건축의 성장과 변화란 단지 이론에 머물게 되고 말 것이다.

융통성

건축에 융통성flexibility 또는 유연성이라는 개념이 있다. 그러나 융통성은 한 가지 방법만 있는 것이 아니다. 융통성이란 굽힐 수 있는 가능성, 변경이나 개조에 민감하고 여러 목적에 쉽게 적응하는 능력을 말한다. 이것은 모두 시간의 경과와 함께 변화하는 감각에 관한 것이다. 특히 융통성은 고정된 어떤 공간 안에 받아들일 수 있는 프로그램이나 용도를 가리키기도 한다.

네덜란드 건축가 헤릿 릿펠트Gerrit Rietveld의 슈뢰더 주택 Schröder House*처럼 주어진 공간 안에 칸막이를 바꾸어, 낮에는 칸막이를 열어 거실을 공유하다가 밤이 되면 침실, 욕실, 거실로 나뉘어 변화하는 것이다. 이렇게 쓰임새에 대응하면 이를 '적응 가능 adaptable', 미스의 크라운 홀처럼 사용할 때마다 적응하기 쉽게 하면 '보편적universal'이라고 한다. 여기에 유목민 텐트처럼 다시 배치할 수 있는 구조를 만들어 대응하면 '이동 가능movable'이라 하고, 아키그램의 '플러그인시티'처럼 열고 닫거나 형태와 색깔을 바꾸어 대응하면 '변형 가능transformable', 알리안츠 아레나Allianz Arena 처럼 환경이나 상호작용, 용도나 점유 등 외부로부터 오는 자극에 대응할 수 있을 때는 '반응 가능responsive'이라고 한다.

스파임의 시간

기디온의 '시공간'은 '스페이스타임space-time'이라고 하며 공간과 시간이라는 단어 사이에는 '-'을 넣었다. 공간과 시간이 상대적인 관계에 있다는 뜻이다. 그런데 오늘날에는 '스파임spime'이라는 말도 만들어 사용한다. 이것은 시간이 공간 속으로, 공간이 시간 속으로 파고들어간 현실/가상 장치로써, 미래주의자인 SF 작가 마이클 브루스 스털링Michael Bruce Sterling이 '스페이스space'와 '타임time'을 결합해 만든 신조어다. 그래서 아예 '스페이스'와 '타임'을 그 자체로 결합이라는 뜻의 'space-time'이라고 했다.

'스파임'은 인터넷 망을 기반으로 사물이 서로 연결되는 체계인 사물 인터넷IoT, Internet of Things이다. 이 물체는 이력이 있고 기록되며 추적되어서 항상 무언가의 메타 이야기가 있다. 스파임은 없어진 열쇠나 신발 또는 리모컨을 찾게 해주고, 시간적이며 공간적인 데이터로 자신의 행동을 기록하며 사용자가 설정할 수 있는 새로운 물체다. 스파임은 제품, 소유물, 반려동물, 사람까지도 모두 공간적으로나 시간적으로 검색 가능하다.

이렇게 되면 현실과 가상이 합쳐지는 '초연결 사회'가 되고, 사람이 개입하지 않는데도 사물이나 현실 세계와 가상 세계의 모든 정보가 얼마든지 전달된다. 스파임은 어떤 사물이 수명을 다해도 다른 사물에 그대로 재현되어 이 세상에 존재할 수 있다. 시간이라는 측면에서 보자면 과거와 미래가 이미 오늘에 와 있게 된다. 건축물은 실제의 공간이고, 그 안에서 일어나는 사람의 행위는 실제의 시간이지만, 스파임은 시공간의 구분이 사라져버린 사물과 공존하게 된다. 스파임으로 건축물 전반이 바뀌지는 않겠으나, 건축물의 내부 공간은 크게 바뀔 수도 있을 것이다.

재생의 시간

'풍화에 대하여'

건축의 시간은 마모와 풍화로 나타난다. 풍화는 자연의 힘이 건축물에 새겨지는 것이며, 마모는 사용하면서 닳게 되는 현실이 건축물에 드러나는 것이다. 건축물은 물질이므로 마모와 풍화는 피할 수 없는 변화지만, 이런 변화는 건축 안에서 일어나는 시간의 직접적인 표현이다.

1993년 출간된 『풍화에 대하여On Weathering』[25]라는 책은 '시간에 따른 건물의 생애'라는 부제가 붙었다. 건축가 모센 모스타파비Mohsen Mostafavi 등이 쓴 이 책은 부제처럼 근대건축과 같이 건축을 완성된 시점에서 바라보고 완성된 시점을 목표로 건축을 만드는 것이 아니라, 시간의 흐름 속에서 변화하고 부식할 수밖에 없는 건축물의 조건을 분석했다. 시간을 통해 재료와 풍화의 관점에서 현대건축이 가야 할 방향을 보여주는 중요한 책이다.

이 책은 '웨더링weathering'은 풍화風化만이 아니라, 원래 외벽 표면에 돌출하여 빗물을 끊는 드립의 기능을 하는 디테일을 의미한다고 지적한다. 그래서 일반적으로 '웨더링'에는 기후의 영향을 제어하는 것이나 배수를 위한 물매라는 뜻도 있다. 안도 다다오安藤忠雄의 건물은 오물이 빗물에 씻겨 벽으로 흘러 내려가지 않게 하려고 벽체의 윗면이 좁고 긴 경사면으로 되어 있고 벽 속에 홈통을 끼워 넣었다. 덕분에 이 벽면은 지어진 지 오래되었는데도 아직도 깨끗하다. 그런데 이탈리아 건축가 카를로 스카르파Carlo Scarpa는 이와 달리 베로나의 국민은행˙을 설계하면서 동그란 창에서 흘러내릴 흔적을 받아 내리는 디테일로 이를 해결했다. 모센 모스타파비와 데이비드 레더배로David Leatherbarrow는 이를 두고 "공백의 '흰 벽'을 시간 속에서 건축의 생애를 표현할 수 있는 것으로 설계했다고 말할 수 있을 것 같다"고 했다.[26]

이 책은 풍화라는 개념으로 근대건축의 공업화, 보편 공간, 지역의 기후와 무관한 무기적 공법과 생산방식을 검증한다. 그리고 빠른 시간 안에 설계하고 시공해야 하는 생산 과정에서 시간을 압축하며, 평탄한 재질감을 우선으로 한 모더니즘 건축의 미의식을 비판하고 있다. 건축 잡지에 실리는 건물은 다 깨끗하게 표현된다. 실제로 집이란 바람에 벗겨지고, 녹물이 흐르며, 마감재가 떨어지고, 재료가 노화되어 간다. 그런데도 건물을 소개하는 잡지의 건축 사진은 건물의 완벽하고 정교한 모습을 보여주려고 애쓴다. 그러나 이것은 청결과 건강, 완결함과 순수라는 관념으로 새로운 시대의 건축을 만들어냈던 모더니즘에 뿌리를 둔 것이다. 이책이 말하려는 것은 표층적으로는 건축의 풍화 문제이지만, 근본적으로는 건축의 시간에 관해 논증한 것이다. 이들은 풍화를 기피하고 어떻게 하면 건물을 신축했을 때와 똑같은 상태로 유지할 수 있을까 하는 태도를 비판한다.

이 책은 풍화의 시간을 사람과 비교하면서 이렇게 말한다. "풍화는 시간의 흐름을 건물에 새겨 넣는다. …… 건축의 이러한 시간적 구조는 시간의 흐름 속에서 인간의 신체에 비유된다. …… 인간의 과거가 이미 존재하지 않는다는 것은 아니지만, 각각의 과거는 그 사람의 생활양식이나 살고 있는 자연환경과 떨어져서는 존재하지 않는다. 현재를 과거와 구별한다는 것은 과거의 사실을 현재가 그것에서 생겨난 배경으로 파악한다는 것이다. …… 건축의 기억으로 남는 경험은 현재의 것이 아니라 과거의 것이다. 그런 의미에서 과거는 특정의 한정된 시기 또는 모두 끝나버린 시간이 아니라, 오히려 '바로 지금 생기고 있는 것'으로 볼 수 있다."[27]

콘크리트에 비하면, 도장하여 보호되는 스틸은 시간이 새겨지지 못하는 재료다. 콘크리트는 시간이 지나 더러워지고 내구성도 떨어진다. 그것을 열화劣化로 보는가, 아니면 노화老化, aging로 보는가에서 견해의 차이가 생길 수 있다. 열화는 마이너스 요인이지만 노화는 시간, 경험, 친숙, 온건을 나타내는 플러스 요인이다.

오히려 건축물에 남게 되는 '풍화'는 인간의 운명처럼 건물에 남은 시간의 흐름을 인정하는 것이다. 늙으면 사람의 얼굴에 주름살이 생기듯 시간이 지나면 제일 먼저 건물의 표면이 변한다. 사람도 어릴 때를 지나 노년이 되는 동안 시기마다 제각기 미의식이 있다고 한다면, 건물도 그렇게 보는 것이 정상이다. 표면의 변화는 시간이 지나 성숙해졌고 지금에 과거를 담는 현상이며, 다시 미래로 이어주는 현상으로 인정하는 것이다. 그러면 풍화를 통해 건물은 과거와 현재와 미래를 자연과 시간의 힘으로 땅에 동화하게 해주는 것이다. 풍화는 건축을 마무리 짓는 자연의 힘이다.

리노베이션
숙성된 가치의 발견

개발은 파괴하고 빈 땅에 짓는 것이지만 보존하는 것은 시간을 정지시키는 것이다. 유럽에서는 16세기 중세에 건설되어 고밀도로 늘어선 도시 주택이 파괴되고 그 자리에 직선 도로와 광장이 생겼다. 그러나 19세기가 되어서야 이러한 파괴와 개발에 반대하고 문화유산이라는 관점에서 보존이라는 개념이 제기되었다.

이에 대해 리노베이션renovation은 시간이 많이 지난 것에 손대어 지금 새롭게 작동할 수 있도록 고치는 것이다. 리노베이션은 다시 이용하는 것이며 리노베이션 설계는 신축보다 어렵다. 이것은 다른 사람이 설계한 기존 건축을 다시 해석하고, 개발 대 보존이 아닌, 또 다른 '시간'이라는 요소를 활용하는 것이다. 건축은 과거가 오늘 어떻게 함께할 수 있는가를 훌륭하게 말해준다. 그리고 건물을 이루는 수많은 "物 옆에bei Dingen"는 사람과 역사가 함께한다. 이렇게 생각할 때 건물은 시간의 도구들이자 박물관이다. 리노베이션은 오래된 것에 새로운 것을 덧붙여 수선하는 것이 아니다. 그것은 옛것과 새것을 동등하게 만나게 하여 새로운 가치를 갖게 하는 창조적인 수복修復이다.

노르웨이 건축가 스베레 펜Sverre Fehn의 헤드마르크 박물관Hedmark Museum, 현 아노 박물관Anno Museum*은 박물관이라는 건축물만 따로 있지 않다. 이 건물은 1979년에 완공되었으나 19세기 초에 지어졌던 농가 구조물의 일부를 사용했고, 스토르하마르Storhamar 저장소의 흔적을 보존하였으며, 대지를 발굴할 때 발견된 이 역사적인 유산을 전시하고 있다. 오래된 유적을 전시하는 박물관과 달리, 이 박물관은 유적 자체가 박물관이며 그 유적 위에 새로운 박물관 역할을 하고 있다. 그 안에 전시된 여러 농기구들 모두가 새로운 것이 아니다. 돌로 쌓아 올린 벽에는 커다란 입구가 나 있는데 그 앞에 프레임이 없는 유리문을 덧대어 놓았다. 농가의 작은 흔적마저도 그 자체가 시간이다.

스카르파는 많은 작품을 남겼지만 대부분이 기존 건물을 개수한 것이었다. 그러나 그의 리노베이션 작업은 단순히 오래된 건물을 고쳐 쓴다는 소극적인 것이 아니었다. 건축가는 사무실이 아닌 곳에서 일하는 수가 많다. 그러나 정원사는 정원 안에서 일하고 구상한다. 스카르파는 이런 과제를 설계할 때 현장에서 가까운 곳에 따로 사무소를 두고 구상했다는데, 바로 그 장소에서 생각하고 설계한 스카르파의 자세는 정원사와 같은 자세였다.

건축물의 리노베이션은 사무실에서 그려지는 것이 아니다.

개수나 수복은 그 건물이 있는 곳에 설계의 답이 있다. 신축은 대체로 아무것도 없는 빈 땅의 조건만을 고려하지만, 리노베이션은 바닥과 천장 또는 보가 어떻게 되어 있는지 정확히 알기 위해 그 자리에서 답을 얻어야 하는 작업이다.

리노베이션은 마치 오늘날에 나타난 일시적인 유행처럼 보이지만, 이미 오래전부터 있어 왔다. 그런데도 리노베이션을 신축보다 못한 하위 작업으로 여기고 있다. 그렇지만 신축이 가장 가치 있는 건축 행위라는 생각은 근대 이전에는 거의 없었다. 신축 중심의 건축 사고는 지난 20세기에 유행했던 가치관이었다. 리노베이션은 단지 건물이 오래되었기 때문에 가치 있는 것이 아니라, 옛것 안의 가치가 오랫동안 숙성되어 오다가 다시 사용할 수 있는 새로운 가치를 오늘날 발견하는 것이기에 가치가 있다.

시대를 구획한 리노베이션

건물 안에도 여러 시간이 겹쳐 있다. 우리나라의 목조건축물도 어떤 한 시대에 완성되어 지금까지 내려온 것이 아니다. 중간에 개축도 되고 중창도 되면서 여러 양식이 한 건물 속에 혼재되어 있는 것이 많다. 흔히 이런 것은 양식 구분에 관한 것이지만, 다른 한편으로는 한 건물 안에도 여러 시간에 걸쳐 만들어진 부분이 존재한다는 뜻이다.

프랑스의 고딕건축에는 과도기 시대transition, 고전기의 첨두형lancéolé, 전성기의 방사형rayonnant, 후기의 화염식flamboyant이 있고, 영국의 고딕건축에는 초기 영국식early English style, 장식식 decorated style, 수직식perpendicular style, 튜더식Tudor style이 있다. 이는 시간을 직선적으로 바라본 분류다. 그렇지만 고딕건축은 이렇게 뚜렷하게 구분되지 않는다. 유럽의 고딕 대성당은 건설하는 도중에도 큰 변화를 거친 것이 많다.

건축의 역사를 보면 뛰어난 명작은 모두 증축 및 개축한 것들이었다.[28] 고딕건축의 시작이라는 생드니 성당Basilique Cathédrale de Saint-Denis은 1140년경에 이루어진 리노베이션이었다. 그리스도가 나타나 손을 만져서 성별했다는 전설 때문에 생드니 성당의 대수도원장 쉬제르Abbot Suger가 남겨둔 오래된 회중석도 13세기에 다시 고쳐 지었다. 이와 같이 중세 고딕건축은 몇 백 년이 걸려 지어지면서 평면과 단면이 서로 다른 양식으로 고쳐졌다. 프랑스 베즐레Vézelay에 있는 생마리마들렌 성당Basilique Sainte-Marie-Madeleine은 1104년 지어졌으나, 1120년에 대부분 소실되었고, 1145년에는 나르텍스narthex 부분이 완성되었으며, 1160년에 제대 뒷부분을 고딕양식으로 바꾸었다.

생드니 성당은 신축이 아니라 리노베이션이었는데도 그것으로 고딕 건축의 시작을 잡는다. 신고전주의 건축가 에티엔 루이 불레Étienne-Louis Boullée의 왕립도서관도 기존 건축물로 둘러싸인 중정 공간을 선택하여, 건축하는 사람이라면 모두 알고 있는 내부 공간의 투시도와 같은 건축물이 계획되었다. 신고전주의의 시작을 알리는 건축물도 실은 리노베이션이었다. 이 계획은 실현되지 못했다. 또한 1850년대 말에 착수한 앙리 라브루스트Henri Labrouste의 생트주느비에브 도서관Bibliothèque Sainte-Geneviève도 기존 건축물을 리노베이션한 것이다.

실제로 건축물은 오래 남아 시간의 흐름 속에 있고 적당한 시기에 고쳐 사용하는 것이 상례다. 그런데도 건축사에서는 신축 또는 준공 시점으로 건물의 시간을 정한다. 오늘날 신축될 때마다 건축 잡지에 발표하는 것이나 준공 연대에 따라 양식을 구분하는 지금의 건축사 기술이나 다를 바 없다. 모두 20세기 근대건축이 기반으로 삼았던 시간개념을 따르기 때문이다.

컨버전의 공적 공간

컨버전conversion, 곧 시설 전용轉用은 이미 주어진 기존 건축물부터 시작한다는 데 그 묘미가 있다. 기존 건물부터 주변으로 이어지는 과제가 곧 컨버전이다. 기존의 것과 겹치게도 하고 한 몸이 되기도 하는 사이에 기존 건물에 내장되어 있던 '시간'이 새로운 디자인으로 옮아간다. 기존 건축물에 이미 있는 구조체, 공간 구성, 재료,

창이나 문 등의 건축 요소가 이런 시간을 전달해준다. 기존 건축물의 재생은 있는 집을 고쳐 쓰는 일이지만, 그것의 본질은 길고 짧은 역사의 흔적을 잇는 것이고, 결국 시간을 살리는 작업이다. 재생이란 그 과제 자체도 과거와 현재를 잇는 일이며, 건축가의 일 자체가 가져야 할 시간 개념도 현재 그 자리라는 관념에서 출발하지 않으면 안 된다.

고성古城이 호텔이나 박물관으로 바뀌어 계속 사용되는 것은 용도를 바꾸면서 오랜 건축과 도시를 구성하는 요소로 사용하려는 자세다. 이는 환경적으로나 역사적으로 스톡stock을 살리려 공적인 공간을 계승하는 방법이 되고 있다. 헨드릭 베를라허Hendrik Berlage가 설계한 암스테르담 증권거래소Amsterdam Stock Exchange, 현 Beurs van Berlage는 복합 시설로 컨버전하여 콘서트홀이나 전시장, 회의장 등으로 계속 사용되고 있다.

아고라agora나 포럼forum이나 토목의 인프라 구축물도 공적인 공간으로 재생되고 있다. 고대 로마시대 각지에 건설된 원형경기장의 유구 중에서 루카Lucca의 원형경기장은 후에 집합주택이 되었으며, 19세기에 재개발하여 그 안에 둔 메르카토 광장Piazza del Mercato은 일상생활을 위한 공적 공간으로 재생 이용하고 있다. 오르세 미술관Musée d'Orsay은 1900년 파리 만국박람회에 맞추어 건설된 오르세역과 호텔을 컨버전하여 재생된 미술관으로, 역사 안의 대공간을 비추던 빛을 전시 공간으로 바꾸었다. 1899년에 건설되어 조업이 정지된 빈의 가조메터Gasometer는 벽돌로 된 네 개의 역사적 가스탱크를 집합주택, 영화관, 오피스 등으로 바꾸어 새로운 도시 센터가 되었다. 서울에서도 1970년대 산업 유산이었던 마포 석유비축기지를 컨버전하여 공연장, 전시장 등의 '문화비축기지'로 재생시켰다.

컨버전이 일반적인 개수와 가장 크게 다른 점은 컨버전으로 '건축 유형', 곧 빌딩 타입이 바뀐다는 것이다. 물론 기존 건물의 용도는 더 이상 진행되지 않기 때문에 새로운 용도가 다시 그 안에 들어가면 되는 것이 아닌가 하고 생각하기 쉽다. 그러나 학교는 학교라는 용도가 주는 성격이 있고, 미술관이나 공장은 미술관과 공장이라는 용도가 주는 성격이 재생하는 건물 안에 남을 수밖에 없다. 이렇게 남게 되는 성격이 다른 말로 '시간'이며 '역사'며 '기억'이다. 다른 기능이나 프로그램 때문에 남아 있는 성격을 이어받으며, 새로운 용도가 어떻게 충돌하고 수정되는지가 컨버전 설계의 핵심이다.

지속 가능한 사회의 시간

1960년에서 2000년 사이 우리나라가 시장화나 산업화되는 과정에서 생산이나 소비 구조의 기본이 된 개념은 '물질'에서 '에너지'로, 그리고 다시 '정보'를 지나 '시간'이라는 형태로 변화했다. 산업화 이전의 시장경제에서는 다양한 물질이나 물품의 생산과 소비가 활발했다. 그러던 것이 19세기를 중심으로 산업화 또는 공업화되면서 석유나 전기 등의 에너지를 생산하고 소비하는 것으로 본격화하였으며, 20세기 후반부터는 '정보의 소비'가 확대되었다. 이러한 경제의 움직임은 글로벌한 방향으로 확대, 성장하게 되었다.

그런데 경제 시스템이 진화하면서 사람들은 수요의 포화를 인식하게 되었고, 커뮤니티나 자연처럼 눈에 보이지 않는 가치를 지향하는 '시간의 소비'를 중시하게 되었다. 예전에는 앞의 단계가 그다음 단계의 수단이 되었으나, 이제는 현재에서 충족하는 방향을 취하게 되었다. 그 결과, 글로벌한 방향이 아닌 로컬한 방향으로 그 틀이 바뀌고 있다.

우리는 지금 정보화사회 안에서 각종 IT와 인터넷만이 아니라 디자인과 브랜드의 시대를 살고 있다. 동시에 '저탄소 녹색성장綠色成長[29]의 지속 가능한 사회 또는 '정상형 사회正常型 社會[30]를 추구하고 있다. 지속 가능한 사회가 지향하는 '시간'은 먼 미래를 말하는 것이 아니며, 근대건축의 공간적 특성을 설명하는 미학적인 시간도 아니다. 그것은 구체적인 생활이 전개되는 환경의 하나다. 공동체를 되찾고, 자연을 있는 그대로 받아들이길 원하는 사람들에게 여가를 위한 시간, 느리게 사는 생활의 시간으로 대변된다. 따라서 이 '시간'이라는 가치는 나, 우리가 잃어버린 새로운 커뮤니티 감각을 되찾는 것과 같다. 이러한 사회는 기술적인 사회가 아니라 고령화 사회, 저출산 사회에 해당한다.

오늘날은 지속 가능한 사회다. 그러면 지속 가능한 사회의 가장 중요한 핵심 개념은 무엇인가? 그것은 '시간'이다. 따라서 지속 가능한 사회는 '시간'으로 유지되고 해법을 보는 사회다. 다시 말해 지속 가능한 사회의 건축은 '시간'의 건축이다. 그것은 이리저리 돌아다니며 공간을 체험한다든지 르 코르뷔지에의 '건축적 산책로promenade architecturale'를 재현하는 것이 아니다.

'지속 가능한 건축'에서 '지속 가능한'의 본래 뜻을 잘 이해하려면 미국 환경운동가 레스터 브라운Lester Brown이 "환경은 조상에게서 받은 유산이 아니라, 미래에 살게 될 아이들에게서 빌린 것"[31]이라고 말하는 바를 잘 생각해볼 필요가 있다. 이제까지 우리는 역사와 전통이라는 인식 속에서 우리를 최종 목적지로 생각했다. 역사와 전통 속에서 전해져온 모든 환경이 오늘을 사는 우리에게 수렴하는 것으로 여겼다. 그런데 관점을 달리하여 그 환경을 우리의 것이 아니라, 먼 미래도 아닌 한 세대 후인 내 자손이 기대고 살아야 할 환경이라고 생각하는 것이다. 이처럼 우리가 후손에게 환경을 빌려 쓴 것이라고 생각한다면 건축, 도시, 환경 등 모든 조건을 자손에까지 지속하기 위해 노력하게 될 것이다.

환경을 지속 가능성의 입장에서 생각하고 실천하는 것은 환경문제를 미래에 이어질 '시간'의 관점에서 바라보는 것이다. 이러한 '시간' 개념 속에서 나타나는 과제가 바로 산업구조에 따른 도시의 재생, 안정 성장 시대에 만들어진 도시 인프라와 건축 스톡의 재생, 역사적인 도시와 건축 환경의 보전 및 자연환경의 보전이다. 미래의 자손에게 빌린 환경이 지속되도록 보는 '시간'의 관점에서는, 20세기 근대주의의 '운동' '속도'로 사회와 문화를 바라보던 것과는 정반대로 속도를 늦추고 느리게 다시 생각하게 된다. 지속 가능한 건축이란 이러한 느린 속도에 근거한 건축을 말한다.

건축이 유연하고 적정하려면 그것이 생산되는 모든 과정을 '시간'의 개념 위에 놓고 생각해야 한다. 건축물이 기획되고 설계되

고 시공되고 난 뒤에 어떻게 관리되고 운용되어야 하는가의 과정
도 '시간'의 개념으로 건축을 생각하는 것이다. 이에는 장수명, 지
속 가능성에 관한 내용도 포함될 수 있다. 따라서 건축이 생산되
는 모든 과정에 '시간'의 개념을 도입하여 그 건축물이 어떻게 유
연하게 대응하는지 살피는 것이 중요하다.

　　미래 사회는 정보화 등을 통하여 자원과 에너지의 소비가
일정해지고, 양적 확대를 탈피하여 시간의 소비와 과정에서 가치
를 찾고자 한다. 또한 미래 사회는 자연과 커뮤니티 등을 연결하
여 더욱 근원적인 시간을 발견하는 데 가치를 둔다. 미래 사회의
사람들은 어떤 일정한 공간에서 향유하고 그 공간이 주는 제공만
을 기대하지 않는다. 그곳에서 어떤 질을 가진 시간을 보내고 있
는가에 더욱 주목하게 될 것이다.

2장

건축과 기술

건축의 기술에는 생산을 위한 기술이 있고
표현을 위한 기술이 있다.

기술의 표상

건축 기술과 시대

작곡을 하는 것은 음을 조합하는 기술이며, 악곡을 만드는 제작
製作이다. 도예는 항아리를 구워내는 기술이지만 이 기술이 없으
면 빼어난 항아리를 만들어낼 수 없다. 조각도 자연에서 얻은 재
료를 무한한 인내를 가지고 만드는 것으로 기술에 의존하지 않고
는 만들어질 수 없다. 그러나 작곡가는 음 자체를 만들어내지 못
하며, 시를 짓는 시인도 말 자체를 만들어내지 못한다. 이것은 건
축도 마찬가지다. 건축은 반드시 기술에 의존하고 있지만, 그 기술
은 이미 주어진 것, 자연에서 얻은 것, 사회가 인정한 관습 등에서
나온 결과다.

생각해보라. 어디에나 똑같은 집을 만든다는 것이 얼마나
끔찍한 일인지. 건축은 사람들이 사는 마을이나 세계를 직접 구
성한다. 저 먼 나라의 어떤 마을에 지어진 집은 지금 여기에 사는
우리와는 전혀 다른 집이다. 또 건축은 똑같은 설계 도면으로 다
른 장소에 지어질 수 없다. 찻잔이나 접시, 자동차나 스마트폰은
같은 디자인으로 수만 개를 만들 수 있어도, 건축은 그렇게 할 수
도 없고 그렇게 해서도 안 된다. 건축은 고유한 장소에 개별적으
로 구상되어 설계하고 건설되는 주문 생산물이다. 디자인이라고
해도 건축설계는 공업 생산하는 디자인과 같지 않다.

건축 기술에는 두 가지 다른 측면이 있다. 건축에는 첨단 기
술이 적용된다. 그럼에도 건축이 늘 이 첨단 기술로만 만들어진다
면 인간은 그 안에서 살 수 없다. 아무리 전자 문명에 세상이 사로
잡힌 듯 보여도, 건축은 흙과 벽돌과 돌과 나무로도 지어지게 되
어 있다. 그렇다 보니 건축을 시대에 뒤떨어진 산업으로 잘못 보
기 쉽다. 그러나 건축물을 체험하려고 그것이 세워져 있는 땅에
가야 하는 것은 첨단 기술과 무관하다. 건축은 사람의 활동에 밀
착해 있고 풍부한 인간의 활동에 늘 대응하는 것이다. 건축은 의
복과 같다. 의복의 주요 섬유 재료가 면이듯이, 건축은 자연에 반

응하도록 땅에 귀속되어 있다.

　건축은 예술을 넘어선다. 미술대학에 가서 몇 번 건축을 강의한 적이 있는데, 그때마다 강의를 들은 미술대학의 교수님들께서 "아, 건축도 예술이에요!"라고 최고의 찬사를 보내주셨다. 왜 건축도 예술이어야 할까? 건축물의 최종적인 목표는 예술이라는 말을 듣는 데 있지 않다. 건축이 예술이 될 필요는 있다. 그러나 건축에는 그다음에 또 다른 목표가 하나 더 있다. 그것은 건축이 예술이라는 말을 듣지 못할지라도, 도시 안에서 사람의 생활을 그 시대의 기술로 있는 그대로 담아내는 것이다.

　그래서 건축은 다른 예술과 크게 다르다. 건축은 재료를 엮어서 만들어지는 것이지만, 반대로 그 재료가 건축의 가능성을 만들어낸다. 음악의 재료는 음표이지만, 음표 그 자체가 음악을 새롭게 만들지는 않는다. 회화는 음악과 조금 달라서 회화의 재료가 회화의 가능성을 열어주기도 하지만, 그 가능성의 목적은 사람의 생활을 그대로 담아내는 데 있지 않다. 회화나 조각에서도 쓰이는 재료가 중요하지만, 그것을 그 시대의 기술로 담아야 할 필연성은 없다. 그러나 건축물을 이루는 수많은 재료는 이 시대의 기술이 만들어낸 것에만 한정된다. 이것이 건축과 다른 예술이 크게 구별되는 점이다.

　건축의 가능성은 재료가 열어간다. 건축에서 재료는 삶의 방식도 바꾸어준다. 흙은 흙으로, 나무는 나무로 가능한 삶의 방식과 공동체를 만들고, 돌은 돌의 문화를 만들며, 철근 콘크리트는 삶의 방식과 공동체를 바꾸어갔다. 근대는 새로 나타난 철과 유리와 철근 콘크리트의 시대였다. 철과 유리와 철근 콘크리트는 변화하는 근대사회의 문제를 해결해준 재료였다. 철근 콘크리트라고 하면 획일화되고 경직된 환경의 주범처럼 몰아세우지만, 이 재료가 없었더라면 도로, 다리, 항만, 공항, 철도를 만들 수 없었으며 아파트와 고층 건물도 만들 수 없었다. 철근 콘크리트와 철골 그리고 유리는 새로운 근대사회를 만든 재료였고 미래의 비전을 보여준 재료였다.

두 가지 기술

테크닉, 테크놀로지

건축물을 만들려면 공업 제품을 사용하게 된다. 이 공업 제품은 싸고 튼튼하고 시공하기 쉽게 대량생산하여 만들어진다. 콘크리트 블록은 기술로 만들어진 공업 제품이며 보통 수직면을 평탄하게 쌓는다. 그러나 블록을 쌓는 것은 사람이며 쌓은 것을 보는 것도 사람이다. 따라서 콘크리트 블록에는 사람이 쌓는다는 행위가 표현된다. 기준면에서 앞뒤로 5밀리미터 정도 차이를 두고 줄눈 없이 쌓으면, 콘크리트 블록 안의 구멍에 철근을 연결하고 모르타르mortar로 충진하여 구조적인 문제를 해결한다. 이것은 공학에서 말하는 기술이다. 그런데 이렇게 콘크리트 블록을 쌓으면 평탄하게 쌓은 것과는 다른 빛과 그림자가 나타나 무미건조한 공업 제품에 풍부한 표정을 나타낸다. 대량생산하고 출하될 때는 생각지도 못했는데, 손으로 쌓는 기술이 빛과 그림자를 불러낸 것이다.

콘크리트 블록은 하나의 존재다. 이것이 모여 전체가 형성되고 주변이 합쳐져 풍경이 된다. 공업 제품인 건축 재료가 철학적 명제를 가르쳐주고 있다. 또 한 가지 목적을 위해 기술이 개발한 이 재료는 재료의 풍부한 표정을 통해 기쁨을 공유할 수 있다. 그러나 콘크리트 블록이 건물이 아닌 다른 곳에 쓰였더라면 이런 감정을 불러내기 어렵다.

영어로는 'technique테크닉'과 'technology테크놀로지'로 나뉘어 있는데도, 우리말로는 이를 모두 기술이라고 번역한다. '테크닉'과 '테크놀로지'에 '테크tech-'가 들어가 있다고 이 둘이 같은 것은 아니다. "이 자동차는 최첨단의 테크놀로지로 만들어졌다."라고 하지 "이 자동차는 최첨단의 테크닉으로 만들어졌다."라고 말하지는 않는다. 테크놀로지는 사람에게 속하지 않는 것이지만, 테크닉은 사람에게 속하는 것이다. 테크닉은 신체적인 기술이며 인간이 고대로부터 본래 가지고 있는 실천적인 기술을 말한다. 그래서 테크닉은 기예技藝, 기능技能이라고 번역한다.

이처럼 기술에는 개별적인 기술이 있고 체계적인 기술이 있다. 개별적인 기술이 테크닉이다. 이 기술은 시대나 사회의 환경에 의해 축적된 기존의 기술과 대체로 연속성이 있다. 그러니까 기술의 가치를 기술 밖의 사회에서 정해준다. 재래의 기술이 그러하듯이 테크닉이라는 기술은 잠재적이고 변할 수 있다. 건축에는 이 두 가지 기술이 교차한다. 그리고 이러한 두 기술의 교차 없이 건축물은 절대로 만들어질 수 없다.

테크닉은 손재주 같은 것이 아니다. 테크닉은 대상이나 사물의 본질을 어떻게 지적으로 인식하는가이며, 생활을 풍부하게 하는 것이 테크닉의 본래 목적이다. 테크닉의 기반은 원재료를 입수하고 가공하는 데 있다. 테크닉은 도구나 기계를 제작하여 효율성을 높이고 사람의 부담을 줄이는 것이다. 그리고 테크닉을 습득하여 세련되게 구사하면 창의적인 표현에 만족을 느낀다.

테크닉은 기계에 속하지 않으나, 테크놀로지는 기계에 속한다. 테크놀로지는 번역된 문서를 인터넷으로 한순간에 전 세계로 보낼 수 있지만, 테크닉은 말로 설명해도 간단히 몸에 익힐 수 없다. 이 둘의 차이는 산업에서도 아주 중요한 의미가 있다. 인간의 생활문화나 문명사회는 테크닉을 계속 받아들였지만, 자연과학의 등장으로 개인 단위 기술인 테크닉은 과학 기술인 테크놀로지로 진전되었다. 테크놀로지는 테크닉과 달리 기계 기술, 과학 기술, 정보 기술 등 그 자체가 체계적이고 조직적이다. 또한 기술의 가치는 전적으로 그 기술 자체에 완결되어 있지, 사람에게 있지 않다.

테크닉과 테크놀로지 사이

과학 지식에 근거한 테크놀로지는 진보는 해도 후퇴하지는 않는다. 새로운 것은 최신의 기술로 높은 가치가 있지만, 오래된 것은 전통적인 관습에 묶여 점차 쇠퇴한다. 그래서 테크놀로지가 다른 지역에서 들어와 의도적으로 이전되면 기존의 오래된 테크놀로지와 커다란 모순을 일으킨다. 근대 자본주의의 경제적 합리성에 입각한 근대 기술이 기존의 기술 체계를 내쫓은 것이 이런 이유에서다.

산업혁명은 분업과 자동화에 의한 대량생산을 가져왔다. 산업혁명 이전에는 생각하지도 못한 대량생산은 과거 150년 동안 일상생활에 끼친 변화 중에서 가장 심각한 것이었다. 대량생산은 신중한 계산과 엄격한 계획에 따라 제품을 생산했다. 그리고 작업의 단계마다 전문화되어 있다. 또한 그것은 직접 알 수 없는 수많은 사람들에게 팔 물건을 생산하는 기술이었다.

새로운 기술은 그 이전의 장인들이 하던 작업 방식과는 전혀 다른 기술이었다. 장인은 자기가 만드는 물건을 누가 사용할지 알고 있었으며, 사용자의 생활이나 취미를 잘 알고 물건을 만들었다. 장인은 처음부터 마지막까지 자기가 설계한 제품을 자기 손으로 만드는 방법을 꿰뚫고 있었다.

그러나 대량생산은 이런 제작 방법과는 전혀 다른 새로운 생산 과정이었다. 이로써 이제까지 있었던 생산과 소비의 전통은 일거에 무너지게 되었다. 일품생산이 대량생산으로, 수작업은 기계로 바뀌었다. 그리고 기계에서 생산된 공업 제품은 사회를 주도하기 시작했다. 그런데도 당시에는 이런 공업 제품의 형태나 재질 등 디자인과 관련된 바를 결정하고 공업이 사회에 미치는 영향을 예측하는 사람이 별로 없었다.

이런 대량생산 과정은 기계에 의한 공업 제품만이 아니라 건축과도 깊은 관계가 있다. 테크닉과 테크놀로지라는 두 기술로 생산되던 건축은 대량생산의 기술 앞에서 딜레마에 빠질 수밖에 없었다. 먼저 건축은 대량생산하는 것이 아니며 어디까지나 건축주의 주문에 의한 일품생산이다. 건축은 기계처럼 신중한 계산과 엄격한 계획으로 완성되어서는 안 되며, 차라리 덜 신중하고 덜 엄격해야 사람이 사는 터전이 될 수 있다. 건축은 누가 사용할지 모르는 사람에게 파는 공업 제품과 전혀 다르고, 그곳에 살게 될 사람들의 생활과 취미와 직접 관계한다는 점에서도 테크놀로지와 테크닉 사이에 있다.

근대건축 태동기에 영국에서 미술공예운동이라는 움직임이 나타났다. 미술공예운동은 한마디로 존 러스킨의 이상에 힘입은 영국 예술가 윌리엄 모리스William Morris가 사회와 인간의 생활을 예술에 담고자 주도한 근대 최초의 자의식적인 운동이었다. 이들의 이상은 중세시대의 장인에 있었고, 사회의 다른 일각에서 발전하는 공업화에 대응하며 수공예에 기반을 두고 있었다.

왜 그래야만 했을까? 산업혁명을 거친 19세기 후반에는 기계가 대량생산한 상품을 대량소비하고 그것으로 대중사회가 나타나기 시작했다. 그러나 이런 기술은 생활을 분리시키고 있었다. 이에 대해 이들은 손으로 만드는 것을 되살려서 민중을 위한 예술을 만들어야 한다고 주장했다. 손으로 사물을 만드는 기쁨과 사물을 사용하는 기쁨이 하나될 때, 생활과 예술은 하나가 된다고 보았다. 그러나 대량생산의 테크놀로지로는 이런 건축과 디자인을 구현하지 못한다고 생각했다.

모리스의 예술과 사회관은 혁명적이었다. 그러나 기계적 생산은 불가피해졌고, 생산을 위한 새로운 수단은 문명을 파괴하는 것이 아니라 오히려 고려해야 할 가치가 있고 새로운 문명의 기초가 된다는 생각이 나타났다. 이것은 모리스의 사상과 실천에 영향을 받은 것이지만, 기계의 가능성을 인정하며 공업 제품의 질을 개선하려는 움직임이었다. 그것은 바로 독일공작연맹에서 시작되었다. 이들은 기계에 의한 대량생산을 산업디자인의 생산 프로세스로 받아들이게 되었다.

그렇다고 미술공예운동이 제기한 문제가 해결되지는 못했다. 오히려 생활과 디자인의 통합이라는 미술공예운동의 이상은 자본주의적 시스템과 테크놀로지의 힘으로 마케팅의 대상이 되었다. 이러한 시기에 중세의 대성당과 같은 세계를 그리며 기계의 테크놀로지가 사람의 관계를 분단시키고, 경제 시스템에 의해 사물, 지식, 노동이 교환되는 것을 비판한 이들도 있었다.

이와 같이 미술공예운동이나 근대주의운동 안에는 중세 지향의 태도가 있었다. 그리고 이들은 중세처럼 생활과 디자인을 통합해야 한다고 생각했다. 그런데 이런 태도는 넓게 보면 테크닉의 기술인가, 아니면 테크놀로지의 기술인가 하는 문제에 귀결되는 역사적 사실이었다.

너무 넓은 기술의 범위

기술은 여러 일을 실현시키기 위한 노하우이자 전문 지식이며 기능이다. 따라서 건축 기술도 건축물을 현실 안에 만들어내기 위한 생산의 노하우와 전문 지식이다. 그런데 건축에서의 기술은 일반적으로 생각하는 기술과 약간 다른 점이 있다. 아무리 작은 건물을 짓더라도 다양한 수준의 기술이 관계한다. 게다가 건축 기술의 범위도 아주 넓은 데다가 프로젝트마다 기술의 수준이 다르다. 처음부터 기술을 정하고 설계가 시작되지도 않으며, 설계 과정에서도 기술이 선택된다.

건축가 리처드 벅민스터 풀러Richard Buckminster Fuller는 제2차 세계대전이 끝난 뒤 항공기 산업과 주택을 결합해서 마치 기계를 설계하듯이 정밀한 부품을 조립하고 주택 전체를 경량화하는 실험을 했다. 그리고 1946년에 다이맥시온 주거 기계Dymaxion Dwelling Machine를 개발했다. 이것은 비록 상업화에 성공하지 못했으나, 건축이 첨단산업과 어떻게 연결되는가를 보여주었다.

그렇지만 건축은 첨단산업을 일상생활에 잇는 것이 목적은 아니다. 건축은 양적으로는 전통적인 산업에 의존하는 바가 많다. 건축설계는 산업과 생활을 이어주는 것이다. 네 명의 가족이 살 작은 주택을 지으려면 건설 현장에 30종 넘는 기술이 요구되고, 한 전문 직종에 둘이 와서 일한다고 하면 적어도 예순 명에서 여든 명 정도가 있어야 한다. 더구나 주택 한 채를 짓는 데 현장에 있는 이들만 일하는 것도 아니다. 목수는 목재를 짜지만, 목재의 단면과 길이는 제재업자가 가공한다. 또 이 목재에 쓰이는 나무는 임업관계자가 기르고 이들의 손으로 채벌된다. 이렇게 말하면 작은 주택과 관련된 산업과 기술은 참으로 다양하다. 그러므로 건축물을 생각할 때 작품을 설계한 건축가만 있지 않으며, 주택 하나가 세워지는 데에는 정말 많은 산업 기술이 관여하게 된다.

인간과 자연에 대한 기술

건축에서 기술은 어떤 것이어야 할까? 첨단 기술과 재래 기술은 건축에서 어떻게 함께 있을 수 있을까? 일본의 건축가 데즈카 다카하루手塚貴晴가 2007년에 설계한 후지 유치원藤幼維園은 대지 끝에 있는 기존 건물을 부수고 마당에 있던 세 그루의 아주 큰 나무를 베지 않고 새 건물 안에 그대로 두었다. 그중에서 가장 큰 나무는 높이가 25-30미터인 느티나무였다. 나무를 남긴 채 건물을 짓는 것은 나뭇가지를 피하고 짓는 것보다 훨씬 어렵다. 뿌리는 펼쳐져 있는 가지보다 더 넓게 땅에 퍼져 있고, 나무는 뿌리를 자르면 말라죽으므로 나무뿌리가 땅속의 어디까지 뻗어 있는지 조사한다음, 그것을 피해서 구조를 검토해야 한다. 건축가는 1층 바닥 슬래브를 아주 긴 스팬span으로 건너게 하고, 뿌리가 안과 바깥으로 뻗어 있는 것을 확인하며 기초를 지그재그로 이었다. 이렇게 하여테크놀로지는 보이지 않는 나무뿌리를 살릴 수 있었다.

그렇다고 해서 이 건물이 로테크low-tech 건물은 아니다. 건물을 받치는 기둥이 어디에 있는지 알 수 없을 정도로 아주 가늘다. 그만큼 스팬이 긴 건물이다. 여기에 가느다란 기둥은 진동이 일어나지 않게 공진해석을 했으며, 실내에서 아이들이 재갈거리는 소리를 잡는 음향설계도 했다. 첨단 기술은 그 자체가 목적이 아니라, 아이들이 자유롭게 배우고 노는 교실을 만들어주는 데 있다. 이런 기술은 모두 숨어 있는 기술이다.

아이들이 뛰어노는 옥상에는 느티나무에서 떨어지는 낙엽이 상당히 많다. 그러나 이 건물에서는 이 낙엽을 함부로 버리지 않고 낙숫물받이의 밑에 있는 둥근 물받이에 모아 낙엽 풀을 만들어서 아이들이 뛰어내려 낙엽을 날리며 놀게 했다. 그리고 그 안에 장수풍뎅이 유충을 집어넣어 장수풍뎅이와 함께 놀게 했다. 또 그곳에서 얻은 흙을 유치원이 소유하고 있는 넓은 논과 밭에 비료로 사용하게 했다. 이것은 테크놀로지가 아니라, 사물을 지적으로 인식하고 생활을 풍부하게 해주기 위한 테크닉이다.

건축 기술은 최종적으로는 인간과 자연을 상대로 한다. 커다란 느티나무를 남긴다는 것은 자연에 대한 존중이라는 것만으로 다 되는 것이 아니다. 건축에서 기술은 인간과 자연 밖에 있지 않다.『오래된 미래』라는 책이 말하고 있듯이, 현대적인 삶이 전통적인 삶보다 반드시 낫지 않다. 반대로 전통적인 삶은 현대적인 삶으로 이어지며 또 미래로 이어져야 한다는 것이 '오래된 미래'의 본뜻이다. 사람이 앞선 기술에 반드시 맞추어 살아서도 안 되지만, 기술의 발전으로 많은 것을 잃어버렸다 하여 기술을 낮추어 보아서는 안 된다.

스티브 잡스Steve Jobs는 기술의 궁극적인 목적은 사람에게 있음을 이렇게 강조해서 말했다. "테크놀로지는 아무것도 아니다. 중요한 건 사람을 신뢰하는 것이다. 사람이 근본적으로 선하고 똑똑하다는 걸 믿는 것이다. 사람은 도구를 갖게 되면 그 도구로 대단히 훌륭한 일을 해낼 것이다."[32] 잡스가 기술에 대해서 한 말은 그대로 건축에 대해서 한 말이다.

건축에서는 기술의 진정한 의미가 반드시 새로이 개발된 기술 자체에 있는 것이 아니다. 첨단 기술이든 재래 기술이든 기술에 내재하는 의미는 그것을 다루는 건축가에게서 발현한다. 첨단 기술은 건축을 통하여 인간의 삶에 가까워지고, 재래 기술은 건축 안에서 계속 활용되고 유지될 수 있다. 따라서 건축은 인간이 소유하고 있는 무수한 기술의 저장소다.

이와 함께 루이스 칸은 기술의 역할을 이렇게 선명하게 말한다. "금은 아름다운 재료이지만, 그것은 조각가에게 속한 것이다. 건축에서 기념성monumentality이란 '영원의 감각'을 전달하는 구조물에 내재한 정신적인 성질로 정의될 수 있을 것이다. 여기에서 그 구조물에는 더해지거나 바뀔 수 없다. 우리는 그리스 문명의 건축적 상징이라고 여기는 파르테논에서 그 가치를 느낀다."[33] 그는 기념성을 '영원의 감각'이라고 다소 어렵게 말했지만, 유치원에서 재잘거리는 아이들의 소리를 어떻게 들리게 할지 고민하는 것도 '영원의 감각'이고, 아이들을 낙엽 위에서 뛰놀게 하는 것도 '영원의 감각'이다. 건축의 기술이란 이런 감각을 인식할 수 있게 구체적인 재료로 만들고 세우는 것이다. 칸은 파르테논을 그리스 문명의 건축적 상징이라고 했지만, 그것은 저 멀리에만 있는 것이 아니다. 우리 사회의 교육 환경을 건축적으로 상징하게 만드는 것도 "그리스 문명의 건축적 상징"에 해당하는 것이고, 이것을 가능하게 해주는 것을 건축의 기술이라고 말할 수 있다.

생산의 기술, 표현의 기술
존재를 드러내는 기술

건축 공사 현장을 지나갈 때 보는 가림막은 안전을 위하고 현장 내부의 복잡한 모습을 가리기 위해 만든 것이다. 그런데 이것은 가벼운 가설성假設性, 외부와 내부의 보이지 않는 분리, 빛의 반사라는 기술이 주는 감성을 적지 않게 느끼게 해준다. 이처럼 기술이란 건축의 뒤편에서 조정되는 것이 아니라 전면에서 형태를 만들어낸다.

철로변에 선 구조물은 그 자체가 기술이지만 기술을 연상하게 하지 않는다. 이 구조물을 둘러싸고 있는 얇은 스크린은 기술로 만들어진 것이다. 그런데도 육중한 매스를 감싸는 철재 스크린과 하늘이 만나는 풍경에는 어떤 서정이 있다. '바람의 목장wind farm'에서 풍력으로 에너지를 만들어내는 풍차탑의 풍경은 철로변의 구조물보다 더욱 강한 자연의 생동감을 느끼게 한다. 이렇게 보면 기술이란 단순히 사물을 만드는 수단만은 아니다.

하이데거는 기술에 대해 두 가지 의미를 언급했다. 그만큼 기술에는 두 가지 차이가 중요했기 때문이다. 그는 1955년 진행된 기술에 관한 한 강연회에서 '기술'이라는 말은 고대 그리스어 'technē테크네'의 형용사인 'technikón테크니콘'에서 나왔다고 하며 기술의 의미를 이렇게 해석했다. 테크네란 단지 장인의 솜씨와 숙달되어 인식하는 고도의 예술을 뜻한다. 그래서 기술이란 목적을 달성하기 위한 수단만이 아니라, 어떤 존재의 존재 방식을 드러내 보이는 과정이다. 기술은 사람에게 종속되는 행위가 아니다. 기술은 사람을 포함한 하나의 독립적 현상이다. 하이데거는 이런 의미를 이해시키기 위해 은접시를 예로 들었다. 접시를 만드는 기술은 은이라는 재료로 접시의 형태를 만드는 수단이다. 그러나 기술은 이제까지 드러나지 않았던 접시의 한 모습을 끄집어내는 것이기도 하다. 사물에 잠재된 존재를 끄집어내는 것. 이것이 하이데거가 말하는 기술의 본성이다.

예로 든 철로변의 구조물을 하이데거처럼 말한다면, 기술은 철이라는 소재로 철탑을 만드는 수단이었으나, 그것에 머물지 않고 철재 프레임이 주변의 다른 구조물과 하늘이 만나는 곳에서 그 사물 자체의 존재 방식을 끄집어내는 것이다. 풍차탑도 바람을 만드는 수단을 넘어, 기술이 자연의 존재 방식을 드러내고 있다. 건축에서 기술은 건물을 완성해주는 수단이지만 그것에 머물지 않고 사물이 풍부한 울림과 상상력을 지니고 나타나게 해준다.

1986년 렌초 피아노와 함께 메닐 컬렉션The Menil Collection을 설계한 엔지니어 피터 라이스Peter Rice에게 어떤 유명한 건축가가 질문했다. "이 건물의 디자인 특징은 연성철ductile iron의 트러스와 페로시멘트ferrocement의 리브 반사판입니다. 모두 현대에는 거의 사용하지 않는 특수한 기술인데 어떤 설계 과정을 거쳐서 이런 기술을 선정하게 되었습니까?" 라이스는 의아한 표정을 지으며 이렇게 대답했다. "질문하신 요지가 잘 이해되지 않네요. 피아노와 나는 연성철과 페로시멘트를 좋아해서 언젠가 써봐야지 하고 생각하고 있었습니다. 메닐 컬렉션 건물이야말로 이 기술에 어울리는 프로젝트라고 두 사람의 의견이 일치했고, 그래서 어떻게 잘 사용할까를 연구했을 뿐입니다." 여기에서 질문은 기술이란 과학적이고 객관적인 법칙을 밝히고 그것을 구체적인 목적에 적용한다는 의미에서의 기술이다. 하지만 대답은 현실의 기술이란 목적을 실현하기 위한 단순한 수단이 아니라 과학적이고 객관적인 기술을 적용하면서도 그 위에 상상과 표현의 방식으로 사용된다는 의미를 지니고 있다.

라이스는 『기술자는 상상한다An Engineer Imagines』에서 기술자의 역할을 이렇게 썼다. "나는 기술자다. 가끔 사람들은 칭찬해주는 말로 나를 '건축가 기술자architect engineer'라고 부른다. 이 호칭은 보통 기술자보다는 상상력이 있고 설계 지향적인 기술자를 뜻한다. 이는 대중이나 다른 전문가에게 기술자는 상상력 없고 따분한 해법을 연상시키기 때문이다. …… 가끔 이런 것이 적절할 때도 있지만, 그렇다고 기술자의 일과 기술자가 일하는 방식이 건축가나 디자이너의 일과 그들이 일하는 방식과 근본적인 차이가 있기 때문은 아니다. …… 같은 문제라도 건축가가 다르면 서로 아주 다르게 반응한다. 어떤 문제에 대한 각자의 해법은 그들이 보여주는 양식적인 취향이나 일반적인 신념을 반영할 것이다."[34]

건축에서 기술자는 상상하지 않는 것처럼 보이지만 기술자도 상상력이 풍부해야 하고, 그런 점에서 건축가와 다르지 않다. 건축가는 상상하고 기술자는 그것을 해결해주는 전문가가 아니다. 건축가가 다르면 문제의 해법이 다르고 개인적인 취향 또한 있듯이, 기술자도 해법이 다르고 개인적인 취향이 다르다는 뜻이다. 라이스가 말하는 기술자를 기술로 바꾸어 읽어도 좋을 것이다.

표현하는 재료와 기술

건축을 바꾼 재료 중 하나인 유리에 대해 생각해보자. 유리는 단단하고 깨지기 쉬운 비결정질 고체로 투명하고 매끄럽다. 안에서 밖을 내다볼 수 있고 바람도 막을 수 있다. 유리는 벽이 없는 것이지만 벽과 같은 것이다. 눈으로 보면 없는 것 같은데 실제로는 고도로 기밀하고, 일사日射를 조절하고, 단열과 내화 성능도 점점 높아지고 있다. 이렇게 투명한 유리로 만들어지는 공간은 자연계에 없다. 이처럼 유리는 그 자체로 아주 자연스럽지 않은 재료다.

유리는 건물의 안과 밖을 투명하게 바라보게만 해준 것이 아니다. 유리는 자체의 성능과 함께 시공의 정밀도를 높여주었다. 초고층의 커튼월로 건물 대부분을 유리가 덮게 되었고, 1959년에 영국의 필킹턴Pilkington 사가 개발한 플로트 유리float glass로 더욱 정밀해지고 투명해졌다. 유리를 고정하는 새시를 없애고 구조를 실sill로 만드는 공법도 생겼다. 또 구조용 실런트sealant의 접착력으로 안쪽의 지지 틀에 접착하여 고정하는 SSGStructural Sealant Glazing 공법, 강화유리판에 구멍을 뚫지 않고 가공한 뒤 볼트를 삽입하여 유리를 고정하는 DPGDot Point Grazing 공법은 모두 구조체의 형태가 외부에 노출되지 않게 하거나 단순하고 명쾌한 입면으로 전면 유리라는 극단적인 표정을 만들어내는 최첨단 기술이다. 이것은 건축의 표현, 이미지, 분위기, 표정의 수준을 한층 높여주었다.

철근 콘크리트도 마찬가지다. 철근 콘크리트는 현장에서 형틀을 짜고 그 안에 철근을 배근하며 콘크리트가 타설되어 만들어지는 가장 일반적인 재료다. 그러나 품질 관리가 어렵고 구조법이 복잡하다. 그런데도 이 재료가 두루 쓰이는 가장 큰 이유는 철근 콘크리트의 표현력 때문이다. 철근 콘크리트는 오귀스트 페레Auguste Perret와 같은 구조 합리주의자들도 많이 사용했고, 루돌프 슈타이너Rudolf Steiner의 괴테아눔Goetheanum처럼 자유로운 형태를 만들거나, 아치나 하이퍼볼릭hyperbolic 셸도 만든다. 게다가 미니멀한 형태도 표현할 수 있다. 안도 다다오 건축의 시공 품질이 높은 것은 그가 만드는 형태가 일반적인 구법에서 거의 벗어나지 않았기 때문이다. 철근 콘크리트는 진부한 형태에도 사용되고 급진적인 형태에도 사용된다.

독일 태생의 미국 근대 건축건축가 콘라드 왁스만Konrad Wachsmann은 건물 구성 요소의 대량생산에 크게 공헌한 인물이다. 그는 자신의 명저인 『건물의 전환점The Turning Point of Building』의 서문 첫머리에서 "시간, 운동, 에너지가 전체적인 골격을 결정한다. 건물은 바로 그 골격 안에서 생각될 수 있고 발전될 수 있다. 가용한 수단으로 조정될 때 비로소 구체적인 원인과 추상적인 결론이 공간과 기능이라는 고상한 개념으로 이끄는 필요조건과 원리를 낳을 수 있다."[35]라고 밝힌 바 있다. 이 첫 문장에서 왁스만이 말하고자 하는 바는 시간, 운동, 에너지에 관한 기술은 공간이나 기능과 같은 개념을 이끌어내며 그것을 가능하게 하는 기술이 중요하다는 것이다. 건축을 생산하는 기술은 건축의 바깥에만 있지 않고, 건축의 또 다른 모델이 된다.

기계적 이미지

건축가는 생산의 기술과 표현의 기술을 동시에 다룰 수밖에 없다. 프랭크 로이드 라이트Frank Lloyd Wright는 기계를 도구로만 여겼다. "우리는 기계가 인간을 지배하고 있는 세계에 살고 싶지 않다. 우리가 살고 싶은 세계는 인간이 기계를 지배하고 있는 세계인 것이다."라든가 "기계는 독창적인 예술가의 도구 상자에 들어갈 탁월한 도구일 때 비로소 창조적일 수 있다."라며 기계를 원리가 아닌 도구로 생각했다. 그는 건축과 기계를 구별했다. "건축은 인간의 생활을 표현하지만, 기계는 그렇지 못하다. 어떤 기구도 생활을 표현하지 않는다. 기구는 단지 생활에 봉사할 뿐이다."[36] 이런 관점에서 그는 기계를 상위의 원리로 파악한 르 코르뷔지에와는 아주 다르다.

그렇다고 라이트가 건물을 통해 기계를 도구로만 여긴 것은 아니었다. 현재 남아 있지 않은 라킨 빌딩Lakin Building에 대해서 "이 라킨 빌딩은 기선, 비행기, 자동차에서 보듯이 목적에 직접 적용된 힘을 잘 표현했다."는 말을 보면, 그도 건물이 기계적 이미지를 함께 표현하는 것으로 생각한 것 같다.

이와 비교하면 미스 반 데어 로에는 균질한 격자를 극대화하고 기계 시대의 이상인 투명한 공간을 완벽하게 실현했다. '국제주의 양식 건축'의 기본이 된 격자형은 역학적으로나 기술적으로 단순하지는 않지만, 계층화하지 않고 무한히 펼쳐지는 공간을 만든다는 점에서 근대화의 이상과 일치했다. 따라서 이 격자는 기술을 표상했다.

코르뷔지에는 수평의 바닥판과 수직의 기둥으로 만들어진 상자형 주택을 '돔이노Dom-Ino'라 부르고, 이를 "살기 위한 기계"의 이상적 주택으로 제안했다. 그 안에서 기둥은 균등한 격자 위에 놓인다. 그럼에도 사보아 주택의 벽은 조적 구조였다. 그런데도 마치 콘크리트로 만들어진 하얀 기하학적 입체처럼 보이게 완성했다. 이처럼 사보아 주택은 기술을 연상시키지만 그렇다고 근대를 대표하는 기술의 산물이라고는 할 수 없다. 이와 비교하면 벅민스터 풀러의 다이맥시온 하우스Dymaxion House는 철저한 기술의 결과물이다. 그러나 이 주택에 내부는 있지만 외부에 대한 관념은 결여되어 있어서 주택들이 집합하여 도시를 이루기는 어렵다. 한편 코르뷔지에나 미스의 격자는 건축을 내적인 논리로만 생각하였음에도 공간을 모델화하여 이를 도시로 확장시킬 수 있었다.

코르뷔지에는 건축만이 아니라 항공모함을 보고도 이를 미적으로 해석했다. 그는 1935년에 출간한 『비행기Aircraft』[37]에서 미군 비행기를 운반하는 미 해군의 항공모함 USS 렉싱턴Lexington 사진 옆에 "포세이돈Poseidon은 아레스Ares의 무기를 이상한 화관처럼 쓰고 바다에서 떠오른다."고 썼다. 그는 항공모함이 기술과 미학이 하나로 합쳐진 것이듯이, 건축에서도 기술적인 것과 미학적인 것을 통합하고자 했다.

텍사스 포트워스Fort Worth에 있는 B-24 폭격기 공장 사진은 24시간 가동하여 경제적이고 합리적으로 정교한 기계를 생산하던 현장 사진이다. 그러면 코르뷔지에는 이 폭격기 생산 공장 안에서도 『비행기』에서 한 것과 똑같은 말을 할 수 있었을까? 그렇지 못했을 것이다. 코르뷔지에는 실제의 비행기를 보고 미학적으로 해석했지만, 건축에서는 이와는 전혀 달리 진보하고 생산되는 기술이 따로 있다고 생각했다.

그런데 이 폭격기 생산 공장 사진은 기술의 또 다른 모습을 하나 더 보여준다. 그것은 이 공장 사진이 알려진 것처럼 전쟁 중 폭격기를 생산하던 1940년대에 촬영된 것이 아니라, 1990년대 초 B-24 폭격기 한 대를 전시하기 위해 재건 비용 모금을 목적으로 만든 광고에 나왔다는 사실이다. 이 폭격기가 있는 공장 건축물은 1940년대에는 생산 기술을 위한 것이었으나, 1990년대에는 재생산과 전시 기술을 위한 것으로 바뀌었다. 이것은 건축에 대하여 근대와 근대 이후의 기술이 어떻게 작용하고 있는지를 보여주는 단적인 예다.

지역과 미래를 표현

마키 후미히코槇文彦의 후지사와시 체육관藤沢市秋葉台文化体育館[38]*은 생산의 기술이 어떻게 표현의 기술과 함께 있는가를 잘 나타낸다. 이 체육관은 구조와 공간을 둘러싸는 외피가 일정한 간격으로 덮고 있다. 그러나 이것은 지역성의 감각과 미래의 감각을 동시에 불러일으키는 기술의 표현 문제였다.

마키 후미히코의 글은 건축과 기술에 대한 현대건축의 입장을 비교적 쉽게 설명하고 있다는 점에서, 길지만 인용해보겠다. "특징이 없는 공장 지대인 이 지역에 접근하면 두 개의 특징이 있는 지붕이 갑자기 나타난다. 예전에는 절의 지붕이 마을이나 도시의 공동체에 대한 상징으로 존재했다. 지붕이란 그런 의미를 가지고 있었다. 후지사와시 체육관의 지붕은 0.4밀리미터인 스테인리스 스틸의 피막으로 덮여 있다. 이 얇은 금속 조각을 제작, 절단, 용접하는 일을 포함하여 가공하고 구성하는 일을 연구하고 실시하는 데 약 4년의 세월이 걸렸다. …… 때로는 UFO처럼, 또는 딱정벌레처럼, 또는 비행기처럼, 또는 헬멧처럼 보이는 지붕은 점차 접근함에 따라 실루엣을 구성하는 부품의 집적集積이 중경에서나 원경에서나 모두 적절한 스케일을 만들어낸다. 스테인리스 스틸은 빛의 음영에 민감하게 반응한다. 때로는 부드럽게, 때로는 날카롭게, 특히 어스름해질 때 하늘에 접하는 단부端部는 아름다운 배경으로 녹아간다. 금속은 그 재질이 갖는 성질 때문에 정확함, 딱딱함, 날카로움을 통해 이전부터 다양한 이미지를 환기해왔다. 이 지붕도 응시하고 있으면 왠지 중세 기사의 갑주를 생각하게 만든다. 그러나 한편으로 현대에서는 날아가는 듯한 가벼움, 얇음 그리고 번쩍거림 때문에 UFO를 연상하게 한다. 그런 '과거'와 '미래'라는 두 가지 시간이 교차하는 점으로 하여, 후지사와시 체육관은 '현재'를 표명하고 있다."[39]

건축의 기술에는 생산을 위한 기술과 표현을 위한 기술이 있다. 곧 건축으로 기술을 말할 때 그 기술은 건물의 인상도 표현한다. 생산을 위한 기술은 사회적인 요청에 연동하거나 기술자의 손으로 새로운 것이 구상된다. 그러나 기술이란 물리적으로 가공하고 조립하는 데 최종적인 목적이 있어서 중성적인 수단만이 아니다. 기술은 현재를 과거와 미래로 연결하는 감각을 나타낸다.

근대건축과 기술

사실의 기술과 관념의 기술

기술이 있고 나서 기술에 의한 문화가 생긴다. 사상이 철도를 만들 수 없으며 문화가 엘리베이터를 만든 것이 아니다. 새로운 기술은 지도자급 건축가나 이데올로그idéologues가 개입하여 만들어지는 것이 아니다. 그런데도 기술은 냉정한 것이고, 근대의 생활을 메마르게 만든 원인으로만 여긴다. 기술이란 정확하고 효율적이며 실용적인 것만 앞세우는 것으로 본다.

문명과 문화의 차이가 있듯이, '근대화modernization'와 '근대주의modernism'에는 차이가 있다. 근대화는 기술이 주도한 문명의 모습을 한 것이고, 근대주의는 문화의 모습을 한 것이다. 건축을 공부하다 보면 근대건축운동modern movement in architecture이라는 말을 많이 듣는다. 이것은 근대화에 직접 영향을 받았으면서 동시에 근대주의의 가장 중요한 부분이 되었던 건축의 움직임을 말한다. 근대건축가는 기술에 대해 대단한 신뢰를 보였고, 기술을 통해 미래를 바꾸려는 비전까지 품고 있었다. 이들은 이렇게 기술이 이제까지의 억압된 현실을 극복하고 미래의 새 세상을 보여준다고 생각했다. 근대건축운동에 근대화와 근대주의가 같이 들어 있듯이, 근대의 기술에도 근대화와 근대주의가 다 들어 있다.

건축사가 콜린 로Colin Rowe가 1956년에 쓴 「시카고 프레임Chicago Frame」은 이와 같은 기술의 두 가지 관점을 분석해 보여준 아주 중요한 논문이다. 19세기 말 시카고파의 고층 빌딩에는 철골 프레임이 쓰였다. 초고층 건물군을 최초로 형성한 시카고의 건축가들을 '시카고파'라고 부르지만, 실제로 그들의 대부분은 건축

교육을 받은 이들이 아니라 기술자들이었다. 따라서 시카고'파'라고 불릴 정도의 자각적인 사상을 가지고 있지는 않았다. 철골 프레임은 1920년대에 유럽에서도 쓰였다. 그러나 시카고와 유럽에서 사용된 두 철골 프레임은 서로 달리 쓰였다는 것이 이 논문의 골자다. 즉 시카고파의 고층 건물은 골조를 압도적인 현실을 위한 '사실'로 다루었으나, 유럽의 근대건축은 구조를 '관념'으로 다루었다는 것이다.

콜린 로는 이와 같이 철골 프레임에 두 가지 관점이 다른 바를 이렇게 적었다. "철골이나 콘크리트 골조프레임는 현대건축에서 가장 많이 되풀이하여 쓰이는 모티프이며, 기디온이 '구성적 요소'라고 이름 지은 것 중에서도 어디에서나 가장 많이 볼 수 있는 것이다. 골조의 역할은 코르뷔지에가 실험적인 돔이노 하우스의 구성 시스템을 그린 드로잉에 적절히 잘 요약되어 있다. 하지만 골조의 일차적인 기능은 분명해도 이 실용적인 가치와는 달리 골조가 어떤 의미를 분명히 획득하는가에 대해서는 그다지 인식하고 있지 않다."[40] 건축물의 골조에는 실용적인 가치 이외에, 돔이노 하우스의 드로잉처럼 사물의 이상적인 상태, 보편적이고 추상적인 해답과 같이 관념으로 해석된 골조가 따로 있다는 것이다.

로는 현실의 요구에 대응하는 건물과 앞으로 마땅히 있어야 할 미래의 필요성을 제안하는 건물로 나누었다. 그리고 이에 대한 적절한 예로 대니얼 버넘Daniel Burnham의 릴라이언스 빌딩Reliance Building과 미스의 유리 마천루 계획을 들고 있다. 릴라이언스 빌딩은 상업 가로의 건물이지만, 유리 마천루 계획은 주변에 밀집한 고딕식 지붕 위로 우뚝 솟으며 앞으로 있어야 할 건축을 이데올로기로 나타낸 것이다. 로가 말하길, 버넘이 기술을 통해 주변의 건물과 공모共謀하고 있다면, 미스는 기술을 통해 이의를 제기하고 있다고 했다.

그래서 같은 철골이라도 '사실'인 철골 프레임이 있고 '관념'인 철골 프레임이 있다. 전자는 투기를 목적으로 하는 고층 빌딩의 실리적인 수단으로 철골을 사용했으나, 후자는 근대적인 공간을 표현하는 보편적인 시스템으로 사용했다. 이것을 기술로 바꾸어보면, 건축에서는 '사실'인 기술과 '관념'인 기술이 있다.

이는 미스의 건축에도 그대로 적용된다. 그의 건축은 초기에는 건축이 아닌 '바우쿤스트Baukunst'라고 정의되며 기술의 결과인 건물이라는 비전을 지향했지만 실제로는 고전적이었다. 바르셀로나 파빌리온이나 투겐트하트 주택Tugendhat House에서는 기술이나 구법이 건축의 표현과 미묘하게 어긋나 있었다. 미국으로 건너간 다음에는 일리노이공과대학교IIT, Illinois Institute of Tecnology 캠퍼스 계획에서 보듯이 철저한 기술과 건축의 이상이 일치했다.

건축가이자 건축비평가인 앨런 콜훈Alan Colquhoun도 건축의 기술을 상징적 측면과 실제적 측면[41]으로 나누고, 근대건축의 기술은 '사실'이라기보다는 '관념'이었다고 주장한다. 근대건축의 기술은 단순히 구축하기 위한 구체적인 수단이 아니라, 하나의 예술작품을 성립하게 하는 내용을 이룬다는 것이다.

기술이 '사실'의 기술과 '관념'의 기술로 나뉜다는 것은 기술자가 만드는 '빌딩건물'은 실용을 우선으로 하지만, '아키텍처architecture, 건축'는 역사와 문화를 나타내는 예술이라는 맥락이다. '빌딩'과 '아키텍처'라는 구분은 기술과 예술을 구분하고 실용과 역사 문화를 구분하는 데서 왔다. 그렇지만 '빌딩'이 다음 시대를 여는 새로운 공간을 철과 유리를 사용해 보여주었고, '아키텍처'는 역사주의에 묶여 있었다. 관념으로 말하는 건축가에게 주목하면서도 기술로 승부를 거는 건축가에게 큰 관심을 두지 않는 것은, 대학에서 기술적인 성과가 아닌 관념을 얼마나 잘 나타냈는가로 건축사를 가르치고 학생의 작품을 평가하는 것과 깊은 관계가 있다.

기계라는 모델
평등에서 균일로

기계는 근대사회를 크게 바꾸어놓았다. 지금부터 100년 전은 기계가 이끌었고, 앞으로의 100년은 진보된 또 다른 기술이 견인해 갈 것임은 의심할 수 없다. 기술은 산업을 기반으로 하는 경제의 틀을 결정했고, 공간의 양과 질을 변용시켰으며, 급격하게 도시를 비대하게 만들었다.

철도로 여행한다는 것은 인간은 모두 평등하다는 생각을 심어주었다. 어른이든 어린아이든 부자든 가난한 사람이든 같은 차량 안에 함께 타게 되었고, 같은 열차에서 같은 속도로 자기가 타고 싶은 곳에서 탈 수 있고 내리고 싶은 곳에서 내릴 수 있다는 점에서 철도 여행은 모두에게 평등했다. 철도 여행을 통해 평등을 깊이 이해하게 되었다. 기술이 평등의 사고를 깊게 해준 것이다.

기술은 지각을 달리해주었다. 근대 이전에는 시계가 광장의 높은 탑에 걸려 있었고, 정확한 시각을 알려면 시계가 있는 광장으로 가야 했다. 개인이 차고 다닐 수 있는 손목시계가 발명되어 값이 비쌀 때는 몇몇 사람만이 차고 다녔으나, 시계가 대량으로 생산되자 누구나 시계를 찰 수 있게 되었다. 이런 작은 손목시계도 철도 여행처럼 모두가 평등하다는 생각을 갖게 해주었다.

평등하다는 것은 똑같다는 것이 되었고 균일화, 획일화되는 세상을 만들었다. 그러나 평등하다고는 하지만, 똑같이 평등한 존재들 속에서 개인은 힘이 없고 약한 존재가 되어가고 있었다. 또 평등은 다른 사람의 말이나 행동을 믿지 못하게 만들었고, 확실하게 믿을 것이 없는 세상에 살고 있다는 감정을 낳게 되었다. 모두가 자유롭고 평등해져야 하는데도 어느 사이에 균질하게 확장되는 세상 속에서 똑같은 하나가 되고 말았다.

'모두, 누구나'라는 원칙 뒤에는 모방의 욕망이 숨어 있다. 나는 저 사람을, 저 사람은 이 사람을 모방하고 닮아가고자 한다. 이것이 일반화이며 대중화다. 대량소비사회에서는 이질적인 것, 색다른 것을 배제하려고 한다. 이질적인 것은 모방할 수 없는 것인데도 모방해야 모두가 평등해진다. 이렇게 하여 도시와 대중은 20세기의 키워드가 되었다. 도시에 흡수된 노동력이 대중이 되고, 대중은 무시할 수 없는 사회적이고 정치적인 존재가 되었다. 기계는 평등이 균일을, 균일은 모방을, 모방은 대중을, 대중은 20세기 도시 문화를 만들었다.

기계미학

제1차 그리고 제2차 세계대전 사이의 시기를 '머신 에이지machine age, 기계시대'라고 한다. 그중에서도 1920년대와 1930년대는 기계가 일상생활 안에 침투하고 있던 시대였다. 이것은 오늘날 우리의 생활 속에 전자 테크놀로지가 들어와 있는 것과 닮았다. 기계가 이미 전자 테크놀로지로 바뀌어 있는 오늘날, 근대가 기계를 모델로 여겼다는 것은 과거 근대가 그러했다는 역사적 사실에 대한 설명만이 아니라, 기술은 건축의 모델이 되고 있었다는 사실을 이해하는 것이다.

기계에도 두 가지 측면이 있다. 기계란 다양한 부분이 서로 관계하여 움직이면서 현실 속에서 생산하는 복잡한 장치다. 그런데 기계에는 '기계'라는 개념, 개념으로서의 '기계'가 있다. '기계'라는 개념은 산업혁명 이후 실제 기계가 있어서 인식된 것이 아니다. 실제 기계가 나타나기 전에 앞서 나타났다. 따라서 실제 기계와 '기계'라는 개념은 다른 것이다. 산업혁명이 진행되면서 기계의 이미지는 실제 기계의 성격이 강조되었으나, 기계를 이념적인 모델로도 파악하고 있었다. 20세기의 디자인은 타자기도 만들고 자동차와 비행기를 직접 디자인하였지만, 동시에 '기계'가 디자인 사고의 틀이 되기도 했다.

'기계'라는 개념을 모델로 삼을 때 기계미학이 생겼다. 기계미학은 일반적으로 20세기 초의 예술관이며, 기계미학의 중요한 부분을 건축이 담당하고 있었다. 기계미학은 '기계'란 목적을 갖고 있다는 점에서 기능을 생각하게 했다. 또 기계미학은 합목적적인 부품만으로 조립되어 있다는 점에서 부분과 전체의 관계인 구조를 생각하게 하며, 보편적으로 작동한다는 점에서 보편성을 생각하게 했다. 이와 같이 '기계'라는 개념 모델은 기능·구조 보편성을 가진 시스템과 동반하여 나타난다. 정확한 기능을 수행하기 위해 필요충분한 구조를 갖추고 있어야 했다. 보편적으로 작동하는 시스템이 기계의 이미지였다. 이것은 현실의 기계를 넘어서 하나의 시대를 구현하는 정신이 되기도 했다. 이렇게 하여 기계미학은

기능·구조 보편성의 시스템을 갖춘 이상적인 사회조직까지 확장
되었다. 이상적으로 사회를 조직하기 위해서 도시를 기능별 공간
으로 나누는 조닝zoning의 사상도 여기에서 나왔다.

　　코르뷔지에가 말한 저 유명한 '기계미학'은 엔지니어와는 달
리 실제의 기술을 미학으로 바꾸어 말했다. 그의 책『건축을 향하
여Vers une Architecture』의 앞부분인 「엔지니어의 미학, 건축」은 엔지
니어는 앞서고 있는데 건축가는 뒤쳐져 있음을 비판하는 말로 시
작한다. "엔지니어의 미학, 건축, 이 두 가지는 서로 연대하고 도와
주는 것이지만, 엔지니어는 참으로 적극적으로 활동하고 있으나
건축가는 용납할 수 없는 쇠퇴에 빠져 있다."[42] 그리고 이 책은 토
리노에 있는 피아트 린고토Fiat Lingotto 공장의 사진 몇 장으로 끝
난다. 이 책의 초판은 1923년에 나왔는데, 이 공장도 1923년에 준
공되었다. 미래파를 이끈 시인 필리포 마리네티Filippo Marinetti는
1924년에 이 공장을 찾아갔다. 그러나 코르뷔지에가 이 공장에
처음 찾아간 것은 1925년이었고, 1934년에 한 번 더 찾아갔다. 이
와 같이 엔지니어에 의한 기술은 쇠퇴한 건축과 문화를 일깨워주
는 것이었다.

　　또한 코르뷔지에는 엔지니어의 사고를 칭찬한다. "엔지니어
는 경제의 법칙에 따라 계산에 이끌리고 우리를 우주의 법칙과
화합시켜 준다. 이렇게 해서 조화에 이른다."[43]라든지 "기술이란
인간 실천생산적 실천을 함에 있어서 객관적인 법칙성을 보편적으로
적용하는 것이다."라는 말이 그렇다. 그러나 이것은 실제의 기술
을 미학적으로 해석한 것이다.

　　이때의 엔지니어에는 귀스타브 에펠Gustave Eiffel 등이 포함된
다. 코르뷔지에에게 '에스프리누보l'esprit nouveau, 새로운 정신'란 에펠
탑을 미적 대상으로 논하는 능력을 갖춘 정신이었다. 그것은 에펠
탑의 이미지이자 탑이 표상하는 바이며 탑으로 표상되는 것이다.

　　에펠탑이 세워지자마자 파리의 상징물이 된 것은 아니다.
만국박람회 기간 중 이 탑은 철의 기념비로서 압도적인 대중의 지
지를 얻었다. 그러나 이것은 임시로 세워진 것이었고 몇 년이 지나

자 에펠탑의 인기는 급히 떨어졌다. 에펠탑은 사물로는 매력적이지만 지속하는 항구적인 기념비가 될 수 없었다.

그런데 이 탑에 생명을 다시 불어넣어준 것은 이미지였다. 영화나 사진, 회화나 모형으로 복제된 탑의 이미지가 전 세계에 퍼지게 되었다. 그러자 다시 수많은 관광객이 에펠탑을 찾아오게 되었다. 파리에 가지 않고도 세계의 무수한 사람들은 에펠탑을 알고 있으며 그 덕분에 에펠탑은 이미지로 유명해졌다. 그러나 파리의 에펠탑을 직접 보지 않은 사람만 이 탑을 이미지로 알고 있는 것은 아니다. 기술로 건설된 구조물은 기술에 의한 정보로 이미지를 입게 되었다.

코르뷔지에의 '기계미학'은 에펠탑을 보지 않고 이미지로 알게 된 경로와 크게 다르지 않다. 코르뷔지에는 목적에 대해 정확한 실제의 기술을 '투명한 것'으로 해석했다. 그에게 '기계'는 건축과 디자인의 새로운 미학을 표명하는 것이며 동시에 고전적인 미의 가치도 보증해주는 것이었다. 그의 '근대건축의 다섯 가지 요점'은 새로운 건축 형태에 대한 관심에서 나온 것이지만, 그렇게 되어야 하는 이유는 엔지니어처럼 설명했다.

코르뷔지에가 말하는 기계의 의미는 다른 근대건축가와 달리 매우 다양했다. 비평가 레이너 밴험Reyner Banham의 저서『제1 기계시대의 이론과 디자인Theory and Design in the First Machine Age』을 숙독하면, 그가 기계에 대하여 부여한 의미는 다음과 같이 분류된다.[44] 주택의 표준화와 대량생산, 새로운 생활에 대응되는 기능, 기계미학, 기계의 추상성에 대응한 플라톤적 입체, 기하학적 비례질서, 합리적 정신에 바탕을 둔 기하학 정신. 이처럼 그가 말하는 기계는 건축의 물리적인 측면과 기능적인 측면 그리고 형태와 정신적인 측면을 모두 포함한 것이다.

기술 모델과 개념의 차이

1960년대를 지나면서 기계의 개념은 크게 바뀌었다. 전자화된 기계에 의한 통신 기술이 현대를 주도하는 기술이 되었다. 근대의 기계는 피스톤이 움직이고 터빈이 도는 것을 눈으로 볼 수 있듯이, 어떻게 작동하는지 명쾌한 거동을 눈으로 볼 수 있는 시각적인 구조를 갖췄다. 그러나 이 통신 기술은 이전의 눈에 보이던 역학적인 기술과는 전혀 다르게 눈에 보이지 않는 기술이다. 마이크로칩 안에 흐르는 전류만으로는 그 안에서 무엇이 일어나는지 알 수 없는 기술이다. 컴퓨터에는 모니터와 키보드 이외에 그 안에서 어떤 작동이 일어나는지 전혀 알 수 없다.

이런 이유에서 이와 같은 통신 기술은 눈과 귀라는 감각기관으로 이행된다. 현대의 기술은 개인의 신체 감각기관에 직접 관계하고 있다는 점에서 이전의 기술과 전혀 다르다. 근대건축을 이끌던 기술은 내부와 외부를 동시에 지배했지만, 지금의 기술은 내부만을 지향한다. 이런 기계를 모델로 한다면 건축의 기능과 형태가 결합하는 근거가 사라지고, 합목적적인 배치라든지 기능의 보편적인 수행과 같은 개념 모델은 의미를 잃는다.

건축 모델이 물리적인 기계에서 전자적 기계로 바뀜에 따라 건축의 개념은 크게 달라졌다. 건축가 미구엘 가우사Miguel Gausa는 두 건축의 차이를 다음과 같이 정리해주었다.[45] 근대건축은 상대적relative이지만 현대건축은 상호적interactive다. '상대적'이라 함은 두 개의 가치 기준으로 비교하고 판단하는 것이며, 이것과 저것이 동등한 가치나 역할을 가지고 맞대는 것이다. '상호적'이라 함은 다른 것과 비교·대립함으로써 성립하는 관계에 있다. 좌변을 근대건축, 우변을 현대건축으로 하여 쌍이 되는 개념을 나열하면 상대적relative-상호적interactive, 물리적이며 현실적physical-real-현실적이며 잠재적real-virtual, 기계적mechanical-디지털digital, 자동적autonomous-합의accorded, 단편적fragmented-프랙털fractal, 측정적measurable-차이적differential, 유형type-유전자gene, 유형학적typo-logical-지형학적topo-logical, 구조적structural-하부구조적infrastructural 등으로 구별된다.

또 가우사는 기계의 모델을 달리하는 이 두 건축의 차이는 'in'이 있고 없음에 있다고 설명해준다. 간단하지만 아주 명쾌하게 정리한 것이어서 흥미롭다. 'in'formation정보, 'in'certidumbre

불확실성, uncertainty, 'in'determinateness미결정성, 'in'stability불안정성, 'in'coherence모순된, 'in'frastructural property하부구조적 성질, inmanencia내재적, immanence, 'in'termittence단속성, 'in'teractivity쌍방향성, 'in'completeness불완전성, 'in'finitude무한, 'in'formality비형식성, 'in'discipline규율 없음 등이다. 이는 복잡해보이기는 하지만 계속해서 살펴보면 현대건축을 이해하는 중요한 개념이 정확하게 분류되어 있다.

미스 반 데어 로에의 기술과 시대
기술과 등가되는 건축물

미스 반 데어 로에를 그린 다큐멘터리 비디오[46]는 캐나다 몬트리올 근처에 있는 에소 주유소Esso gas station°의 풍경으로 시작한다. 1920년대 철과 유리로 장대한 고층 건물을 구상했던 미스는 1966년에 이 주유소를 의뢰받아 1968년에 완성했다. 그러나 이 주유소 건물은 2008년에 사용하지 않다가 2009년에 보존 건물로 지정되었고 2012년에 다시 정비되었다. 그리고 지금은 젊은이들이 댄스와 음악을 배우고 공연하는 장소로 사용되고 있다.

주유소라는 용도를 모른 채 이 건물을 주택이라고 생각해도 아름답고 전시장이라고 생각해도 아름답다. 아름답다고 하는 것은 형태와 공간이 아름답다는 뜻이 아니라, 근대 기술이 건축으로 완성된 공간으로서 아름답게 표현되어 있다는 뜻이다. 보편 공간, 다목적의 추상성을 대표하여 기술이 시대를 표상한다는 설명을 많이 들어왔다. 그런데 이 작은 주유소는 용도를 바꾸어 전원 풍경과 함께 오늘날에도 잘 사용되고 있다. 미스가 생각한 기술의 진정한 힘은 바로 이런 것이었다. 그래서 누군가는 이렇게 썼다. "지면 위로 넉넉하게 뻗은 검은 지붕은 아름답다. 만일 이런 주유소가 우리가 사는 곳 가까이에 있다면, 나는 한참 있다가 기름을 넣으러 갈 수 없을 것이다."[47]

미스는 건축이란 '아무것도 아닌 것'이 되는 데 있다고 보았다. 이것은 종래의 다양한 양식을 많이 알아야 완성할 수 있는 일종의 조형예술이고, 공간예술이 건축이라는 생각과 정반대된다. 그러나 미스의 건축이 등장함으로써 건축가가 아닌 건축기술자가 충분히 만들 수 있는 범용적 공업화 시대의 건축이 생겨날 수 있었다. 미스의 건축에서는 기술이 건축을 표현한다. 그 덕분에 장식이 구조체에서 벗겨지고 단순해지며, 경제성에 기여하고, 사용자의 용도에 따라 자유로이 사용되는 융통성을 가질 수 있었다. 또한 미스는 공간을 고도로 이용할 수 있으며, 건축의 안과 밖을 자유로이 다니는 공간을 만들어냄으로써 건축이 도시에 기여하는 하나의 정답을 발견해주었다. 이런 의미에서 미스는 라이트나 코르뷔지에의 인간 중심의 표현이 아닌, 공업화와 기술 그리고 건축이 등가되는 새로운 건축물을 완성해낼 수 있었다.

시대와 짓는 것

미스 반 데어 로에에게 '시대Zeit'와 '짓는 것Bauen'은 떼어놓을 수 없는 것이었다. 흔히 건축의 본질을 공간이라고 하지만, 당시의 미스에게는 '시대'와 '짓는 것'이 공간보다 훨씬 중요했다. 그래서 그는 건축Architecture이라 하지 않고 '바우쿤스트Baukunst, 짓는 것의 방법'라고 바꾸어 불렀다. "바우쿤스트란 언제나 공간으로 표현된 시대의 의지Zeitwille다. 결코 다른 것이 아니다."라든가 "바우쿤스트는 언제나 정신적인 결단을 공간적으로 표현하는 것이었고, 그 시대와 결부되어 있으며, 시대가 제시하는 과제와 수단을 통해서만 주장할 수 있다는 것을 이해해야 한다."고 말했다.[48] 이처럼 그는 '시대'와 '짓는 것'을 함께 생각했으므로 '바우쿤스트'는 '시대의 예술'이다. 미스의 이런 생각은 한 시기에만 있었던 것이 아니라 전 생애에 걸쳐 계속되었다. 따라서 미스가 말하는 '바우쿤스트'는 '아키텍처'라는 의미의 건축이 아니었다.

'건축architecture'과 '건물building'을 구별하고 있으며, '바우쿤스트'는 기술과 관련하여 논하므로 이를 '건물building'과 같은 것이라고 여겨서는 안 된다. '바우쿤스트'는 '건물'이 아니다. "바우쿤스트는 매일매일의 것도 아니고 영원한 것도 아니다. 그것은 시대와 결부되어 있다." 현대라는 '시대'의 세계란 거대하고 강력한 기술적인 형태의 세계다.

그렇다면 도대체 어떤 건축이 '시대의 예술'인 '바우쿤스트'가 되는 것일까? 미스는 1950년에 쓴 「기술과 건축Technology and Architecture」[49]이라는 짧은 글에서 기술은 진정한 역사적 운동이라고 말했다. 이 짧은 글을 읽으면 현대에도 이렇게 말할 수 있을까 의문이 들지만, 한 건축가가 시대를 얼마나 진지하게 물었는지를 곰곰이 생각해볼 필요가 있다. 그는 건축의 진리는 시대의 본질과 합치하는 데 있다고 보았다. 그런데 미스는 그가 살고 있던 시대가 기술로 특징 지어지는 시대라고 인식했다. 다만 그의 시대와 우리의 시대는 다르다. 그렇다면 시대를 읽는 눈이 달라야 한다.

미스가 보기에 기술이란 역사와 아무런 관계없이 따로 생겨서 따로 사물을 잘 만들어주는 방법 정도의 것이 아니었다. 고대 그리스에서는 인격체인 인간을 발견했고, 고대 로마 사람들은 권력에 의지했으며, 중세에는 종교운동이 일어났다. 기술은 그 자체가 이와 같은 역사적인 움직임에 견주어야 할 진정한 움직임이고, 시대를 형성하고 대변하는 거대한 운동 가운데 하나라고 미스는 말했다. 그래서 기술은 방법 이상의 것이며, 그 자체로 하나의 시대를 형성하고 표상하는 역사적 운동이다.

이러한 기술에 대해서 건축은 무엇을 하는 것인가? 미스는 이와 같은 시대를 표상하는 기술을 표현하는 것이 건축의 고유한 영역이라고 말한다. 왜 하필이면 건축이 그럴까? 다른 기계, 다른 산업, 다른 지식은 시대에 생산된 기계이며 지식이지 시대를 표현하는 것이 아니다. 다른 예술도 기술을 표현할 수는 없다. 건축을 제외한 다른 예술은 기술 위에서 성립하고 기술을 직접 다루는 것이 아니기 때문이다. 그래서 시대를 표상하는 기술을 표현하는 건축은 시대의 내적인 구조로 이루어진 결정체가 되고, 시대의 형태를 천천히 전개해간다. 이렇게 하여 건축은 그것이 놓인 시대에 의존하게 된다.

「기술과 건축」은 "기술은 과거에 뿌리를 둔다. 기술은 현재

를 지배하며 미래까지 이어진다."라는 말로 시작한다. 기술의 시대
는 근대에만 있었던 것이 아니며, 오늘날에 일어나고 있는 기술의
근원도 로마네스크 수도원의 수도자들도 논의 안에서 발견된다
는 것이다. 그 기원이 어디 있는지는 알 수 없으나, 건축은 시대의
내적인 구조를 현실에 구현하는 데 아주 천천히 전개되어 왔다.
그럼에도 기술을 '바우쿤스트'로 바꾸는 것은, 단순한 '건물'을 예
술작품인 '건축'으로 수준을 올려준다고 보아서는 안 된다. 그러나
'바우쿤스트'는 기술이 전개하는 과정에서만 생기는 것이지, 개인
의 고상한 예술적 취미가 이것에 들어올 여지는 없다.

　　따라서 건축가가 의지할 발판은 기술의 안쪽에 있지 않고,
'삶의 과정Lebensvorgang'[50]인 기술적인 세계에 있다. 기술 세계의 가
치는 인간이 사는 것에 관련되어 있다. 그래서 기술적 형태는 인
간에게 맞는 가치를 얻어야 하고, 그러려면 '바우쿤스트'로 변용
되어야 한다. 다른 분야에서 기술을 어떻게 다루는지와 상관없
이, 건축은 단지 기술의 도움을 받고 기술을 해결의 수단으로 보
지 않는다. 이런 이유에서 '바우쿤스트'인 건축은 시대를 표상하
는 기술을 표현해야 하며, 따라서 건축이 그 시대에 해야 할 아주
중요한 역할을 기술에서 찾아야 한다. 이것이 미스가 말한 건축과
기술의 관계다.

근대 이후의 건축과 기술

근대건축의 기술
엔지니어의 건축

건축은 본래부터 기술의 산물이다. 건축물을 아무리 아름답게 짓
겠다고 마음먹어도 정작 그것을 땅 위에 세우고 창문을 붙이고 냉
난방 설비를 갖추는 기술이 없으면 지을 수 없다. 그러나 기술은
건축을 위해 발전하는 것이 아니다. 이 세상에는 건축만 있는 게
아니어서 건축과 무관한 기술은 수없이 많이 있다. 그러나 이런

기술은 건축이 아름답게 잘 지어지고 선한 공동체를 이루게 발전하는 것이 아니다. 일반적으로 기술은 건축과 직접 관계가 없다.

산업혁명 이후의 급진적인 기술 혁신은 문화나 예술에 대단히 큰 영향을 주었다. 그중에서도 가장 직접적인 영향을 받은 것은 건축과 도시계획이다. 건축은 본래 기술 위에 서 있기 때문이다. 이런 기술이 급진적으로 발전하여 거의 폭발적이라고 할 만큼 건축 속으로 들어온 것은 19세기 이후였다. 이 기술은 유럽의 산업 기술이었고 19세기에 들어오면서 유럽 전역에 커다란 영향을 미쳤다. 그리고 사회를 크게, 빠르게 변화시켰다.

이때 당시의 건축가들은 무엇을 하고 있었을까? 그들은 산업혁명, 산업 기술, 급격한 사회 변화에 대응하는 방법을 알지 못했다. 그들이 하고 있는 설계 방식이란 과거의 양식을 들고 와 그것을 다시 활용하는 것이었다. 이것을 리바이벌리즘revivalism이라고 한다. 그래서 건축사가 니콜라우스 페브스너Nikolaus Pevsner는 이러한 19세기 건축가의 시대를 "건축가가 자신감을 잃은 시대"라고 평했다.

오늘날 건축가는 자기들만이 집을 짓는 것으로 알고 있다. 그러나 유명한 건축가만 건물을 짓는 것이 아니다. 잡지에 나올 만한 건물, 유명한 건물이 아니라 전혀 알려지지 않아서 그렇지 건축가가 아닌 이들도 집을 많이 짓는다. 이것은 19세기에도 마찬가지였다. 18세기 중반 이후 산업혁명으로 철과 유리가 대량 공급되었다. 공장노동자가 도시로 대량 유입되자, 도시의 기간 시설이 크게 달라졌다. 공장, 창고, 역사, 온실, 백화점 등 예전에 없었던 초유의 건물이 속속 건설되었다. 건축가들이 변화하는 기술에 둔감할 때 이러한 건물의 건설에 철골조가 적극적으로 도입되는데, 엔지니어들은 양식에 얽매이지 않고 산업 기술을 받아들여 새로운 기술로 새로운 건축물을 만들었다.

무려 지금부터 160여 년 전인 1851년에 런던에서 개최된 세계 최초의 만국박람회장이었던 수정궁은 온실 건설 기술자 조지프 팩스턴과 철도기사 찰스 폭스Charles Fox가 설계한 것이다. 수정궁은 자주 언급하고 있지만, 여러 번 예를 들어도 좋을 만큼 우리에게 중요한 사실을 많이 가르쳐준다. 주철재와 판유리라는 새로운 기술로 만든 이 수정궁은 가로 560미터, 세로 125미터, 높이 33미터였으며 바닥 면적은 7만 제곱미터인 대규모 건물로, 단 4개월 만에 완성되었다. 부재를 철저하게 공장 생산한 기적적인 사건이었다. 빛이 범람하는 이 대공간에서 사람들은 대량생산되는 상품을 보았고 미래의 희망을 보았다. 그리고 그 이후 철과 유리로 수많은 상품을 담고 있는 공간을 만드는 데 지대한 영향을 미쳤다. 이 건물은 전시된 물건 이상으로 공업 기술이 가져다준 가능성을 널리 알린 계기가 되었다. 그 이후의 철도역사, 박람회장, 중앙시장, 백화점 등 대규모 공공 공간이나 이에 준하는 시설에 많이 나타나게 된 계기가 되었다. 이로써 좁은 빛의 골목은 점차 큰길과 광장 등을 덮는 건축물의 하나가 되기 시작했다.

1889년 파리 만국박람회를 기념하여 세워진 에펠탑은 건축가가 아닌 엔지니어들의 선구자적 해법을 보여준 대표적인 예다. 온실 건설과 철로 부설 기술이 이제까지와는 전혀 다른 새로운 건축 공간을 만들어냈다. 그러나 당시 건축가들은 철골조를 조형의 대상으로 다루지 못했고, '건축'은 돌과 벽돌로 만들어진 역사주의의 법칙에 얽매어 시대의 요청에 응답하지 못했다. 에펠탑은 당시 심하게 비난을 받았으며, 탑 전체를 돌로 씌워서 노출된 철골을 덮어버리는 대안이 진지하게 논의될 정도였다. 이것은 단지 19세기의 건축에 대한 설명이 아니다. 근대건축이 기술을 어떻게 대했는지, 그 이후 건축을 기술이 어떻게 대했는지, 오늘날의 기술은 어떤 실제와 양상을 가진 것이기에 건축가는 어떤 태도를 취해야 마땅한지를 알아야 한다는 점에서 건축과 기술에 관한 중요한 교훈을 주고 있다.

흔히 근대건축에 대해 기술을 신뢰한 나머지 문화를 비인간적으로 만들었다고 비판하는 태도를 자주 대하게 된다. 이러한 비판은 특히 1900년대 이후에 시작되었지만, 이 비판에는 기술이란 과학과 인간성과 상반되며, 따라서 기술과 예술은 서로 일치할 수 없다는 생각이 깔려 있다. 건축과 기술의 관계에서 바라보는 측면에 따라 부정적인 입장을 취할 수는 있다. 그러나 기술의 관계가 직접적인 건축에서 기술의 영향이 더욱 컸으며, 새로운 건축을 만드는 방식과 그 공간의 특성을 개척해주었음은 여러 번 반성해야할 역사적 사실이다.

기술이 바꾼 근대건축

근대건축의 '근대'란 단순히 시기상의 용어가 아니라, 새로이 전개되는 기술에 바탕을 두고 고전과 역사에 대하여 의문을 제기함으로써 과거와 분리하는 것을 뜻하는 말이기도 했다. 현대건축의 과제는 근대건축을 비판적으로 이해함으로써 시작하는 것이 많다. 그러므로 현대건축의 비판은 기술과 역사와 관련되어 있다. 근대건축에서 기술이란 직접적인 기술이면서 가치관의 변화를 일으킨 동인動因이었다.

근대사회의 기계는 속도를 위한 기계였다. 철도망이 확장되고 산업사회의 노동력을 도시로 집중시켰으며, 그것으로 도시는 과밀해졌으며 도시의 일상생활과 의식을 변화시켰다. 사람만 속도를 얻은 것이 아니라 신문이나 잡지 같은 인쇄 매체와 정보도 속도를 얻었다. 인쇄 매체에 사진이 적극적으로 들어가게 되었고, 이런 사진은 건축가의 공간적 사고에 영감을 주었다. 사진이 시간과 공간에서 시각 정보를 잘라내는 미디어라면, 철도는 공간 이동을 가속화하는 미디어다. 이러한 속도는 사람과 물자와 정보를 이동시키고, 이동은 지역적인 속박에서 벗어나게 했다. 거기에 가전제품은 대중의 일상생활을 바꾸어놓았다. 그야말로 기계는 전방위적으로 사회를 뒤바꾸어놓았다. 이렇게 간략하게 살펴보았는데도 '기계'는 도대체 사회와 생활과 인식을 몇 가지나 바꾸어놓은 것일까?

근대건축과 예술은 1910년대부터 1930년대까지 주로 나타났지만, 주요 운동은 모두 기계와 기술과 깊은 관계를 가졌다. 미래파는 기계의 속도감에 주목하였고, 러시아 아방가르드는 기계의 생산성에 주목하며 인간의 새로운 환경을 구축하려 했다. 다다이스트들은 기계의 자동적 메커니즘에 주목했고, 바우하우스는 기계의 기능적인 논리와 디자인의 논리를 형이상학적으로 통합하려 했다. 또한 미국에서 발전한 산업디자인은 인간 생활에 익숙한 일상 기계 용품을 만들었다.

미래파 건축가 안토니오 산텔리아Antonio Sant'Elia가 그린 도시의 이미지 '신도시Città Nuova'˙˙에는, 실현된 것은 아니지만 집합주택, 역사, 교회, 공장, 발전소 등의 빌딩 타입이 치밀하고 때로는 힘 있게 표현돼 있다. 여기에 그려진 고층 건축물은 시카고나 뉴욕의 마천루에 대한 동경을 연상하게 한다. 이 도시에는 많은 공중보도가 걸쳐져 있고 탑 모양 볼륨의 건물 꼭대기에는 무선 안테나가 있었다. 그리고 지하와 공중을 달리는 고속철도나 입체 가로에는 수직적으로 교차하는 도시 공간을 그렸다. 그리고 댐과 교량, 발전소 등의 토목 구조물도 건축물과 같이 구상되어 있다. 이것은 제1차 세계대전 후에 건축가들이 그려낸 근대도시 이미지의 원천이 되었다.

오늘의 눈에는 그렇게 세련되어 보이지 않지만 이것은 당시로서는 혁명적인 조형이었다. 바꾸어 말하면 오늘에는 세련되어 보이지 않을 정도로 이미 우리의 도시 속에 그러한 건물이 충분히 실현되어 있다는 뜻이다. 그러나 산텔리아의 드로잉은 미국에서 세기말 기술에 열광하던 사람들이 고가철도나 무리지어 나는 비행기를 그린 풍속화 속 미래 도시를 리메이크한 것에 지나지 않는다. 그만큼 건축과 예술은 기술을 자기 영역 속으로 넣기 위해 기술을 번안하는 데 열심이었다.

1914년부터 1918년까지 제1차 세계대전이 일어났다. 이 대전을 거친 뒤 유럽의 사회 구조는 근본적으로 변해버렸고, 세상을 바라보는 관점도 완전히 변화하고 말았으며, 이것은 건축가의 사상과 감성에도 큰 영향을 미쳤다. 근대주의 건축운동이 1920년대에 한창 꽃피운 이유가 이 때문이다. 세계관의 변화나 새로운 사회 구조에 대응하는 바를 표현할 수 있는 새로운 건축을 만들어야 한다는 커다란 움직임이 이 시기에 일어났다. 이 시대에는 철근 콘크리트, 철골, 유리와 같은 새로운 재료가 본격적인 기술로 건축에 들어올 수 있었는데, 이는 역설적이게도 제1차 세계대전을 통해 진보된 기술이 그 배경이 되었다.

20세기 전반의 근대건축은 기술에 기반을 두었으나, 건축이 기술을 앞선 것은 아니었다. 때문에 근대건축은 앞서가는 기술에 '기계미학'이라는 방식으로 우회하여 접근했다. 예를 들어 르 코르뷔지에가 건축과 공학기술을 이론상 동등한 것으로 본 이유는 기계가 건축과 같은 속도로 발전했기 때문이 아니다. 가르셰 주택의 입체는 지금 보아도 혁신적인 이미지를 주지만, 반대로 이 주택 앞에 세워놓은 자동차는 첨단의 감각은커녕 이미 시대에 크게 뒤떨어진 모습을 하고 있다. 이것은 기술이 건축보다 훨씬 앞선 지점에 가 있으나, 그만큼 건축이 답보해 있다는 뜻이다.

사회주의를 기반으로 유럽에서 일어난 근대건축운동은 그리 오래가지 못했고, 1930년대 말에 일어나 1945년에 끝난 제2차 세계대전으로 유럽 사회는 동력을 잃었다. 그 대신에 세계는 미국과 소련으로 양분된 냉전 시대로 돌입했다. 사회주의 국가인 소련은 근대주의 건축을 반동적인 것으로 배격하였으므로 전후의 건축설계는 미국이 주도하게 되었다. 그러나 막강한 자본과 생산력을 가진 미국은 '국제 양식'으로 근대주의 디자인을 세계에 침투시켰고, 세계의 대도시는 상자 모양의 균질한 콘크리트, 철, 유리 빌딩으로 가득 차게 되었다. 이를 두고 '아메리카니즘Americanism'이라 부른다.

근대주의는 기본적으로 생산의 논리에서 시작했으며, 규격화나 합리주의라는 사고는 본래 소비와 어울리지 않는 것이었다. 두 세계대전 사이에 사회주의를 바탕으로 전개된 유럽의 근대주의운동이 결실을 맺게 된 것은, 역설적이게도 제2차 세계대전 이후 민주주의라는 기치 아래 미국에서 화려하게 꽃피우게 되면서부터다. 그러나 시대의 관심이 생산에서 소비로 급속히 바뀌면서 모더니즘의 논리는 힘을 잃기 시작했다.

이데올로기의 기술

자크 바르사크Jacques Barsac가 감독한 영화 〈르 코르뷔지에Le Cor-busier〉 중에서 브아쟁 계획Plan Voisin을 다룬 장면은 인상 깊다. 바르사크는 지금 기술로 보면 초보적 수준이지만, 당시로써는 최선의 컴퓨터 그래픽을 이용하여 노트르담 성당Cathédrale Notre-Dame de Paris이 있는 센Seine 강가에 기술의 산물인 흰색의 거대한 근대 집합주택의 입체가 하나둘씩 나타나게 처리했다. 이때 이 하얀 근대의 입체는 마치 기존 콘텍스트를 부정하고 있는 듯이 보인다. 그러다가 이 흰색 입체는 조용히 사라지고 다시 옛 시대의 역사적인 건물만이 센 강가에 남게 되는 장면이 나타나게 했다. 이때 불현듯이 역사적 건물은 오히려 초라하고, 반대로 조금 전까지 역사적 환경을 거스르던 기술이 새로운 도시 환경에 얼마나 중요한 영향을 미쳤는가를 자각하게 된다.

기술이 건축에 미치는 힘이란 바로 이런 것을 말한다. 이전에는 브아쟁 계획을 보면서, 코르뷔지에가 건축과 기술을 등가물로 놓고 이 두 영역 사이의 긴장 관계에서 근대건축의 이론을 정립하려 했던 것을 늘 비판적으로 바라보고 있었다. 그런데 바르사크의 다큐멘터리 영화에 나온 이 장면을 떠올리면, 근대의 한 건축가가 개인의 자유로운 발상을 떠나 상상하기 어려울 정도로 열악한 환경에 놓여 있던 도시를 바꾸어놓겠다고 한 시도에 감탄하게 된다. 기술은 근대건축가들이 열악한 도시 환경을 구해낼 것으로 생각했던 유일한 돌파구였다. 기술은 이데올로기를 실현하는 방법이자 비전이었다. 따라서 근대건축가들은 건축가이자 이데올로그였다.

기술은 설정된 목적을 향해 똑바로 진행한다는 점에서 엔지니어와 관료에 가깝다. 따라서 기술은 일종의 관료주의와 관계가 있으며, '사실'의 기술과 효율적인 관료주의는 20세기를 이끌었다. 기술은 중립적이지만 그 영향은 사회 계급에 대해 똑같지 않다. 기술은 이데올로기 사이를 움직인다.

좌익의 러시아 아방가르드 건축가들은 지식인이며 이데올

로그로서 기술을 정치적으로 다루었다. 시나 회화는 기술과 직접적인 관계도 없으며 생활을 직접 다루지 않는다. 시인이나 화가가 하는 것은 재현再現이며 표상表象이다. 그러나 건축은 기술과 생활을 직접 다룬다. 구성주의자들의 이론적 핵심 인물인 모이세이 긴즈부르크Moisei Ginzburg는 건축을 '사회적 콘덴서social condenser', 즉 사회적 응축기라고 불렀다. '사회적 콘덴서'란 새로운 사회상을 응축한 원형의 단위 건축 시설을 말한다.

러시아 아방가르드들은 다른 어떤 흐름보다도 예술을 격렬하게 부정하고 기술에 의한 새 사회의 건설을 꿈꾸었다. 그러나 그들이 근대의 기술에 입각해 있다는 주장은 표면적인 것에 지나지 않았다. 알렉산더 로드첸코Alexander Rodchenko의 '공간 구축 Spatial Construction'처럼 나무토막으로 입체를 구축한다든지, 트러스 모양은 하고 있지만 실제의 기술적 성과는 전혀 반영되어 있지 못한 경우가 대부분이었다. 그러나 이런 정도의 기술은 당시에도 공사 현장에서 이미 많이 쓰이던 것이었으며, 그만큼 그들은 실제의 기술을 구사할 능력이 결코 높지 못했다. 그러나 로드첸코에게는 그것을 구성하는 재료나 접합, 생산의 문제보다는 생산의 '이미지'를 담은 구조물을 통해 '공간 구축'이라는 개념을 전파하는 것이 더 큰 목적이었다.

그런데 근대건축 중에서 건축이 사회를 바꾼다는 이상을 가장 잘 나타낸다고 생각되는 장면이 하나 있다. 그것은 블라드미르 타틀린Vladimir Tatlin의 '제3 인터내셔널 기념탑Monument to the Third International'이다. 이 탑은 기술로 혁명이라는 이슈를 상징한다. 이 탑은 에펠탑보다 높게 철재를 감아 올리고어떤 곳에서는 300미터라고 하고 또 다른 곳에서는 400미터라고 한다, 이것을 지구의 자전축의 각도로 기울여 놓았다. 그리고 그 탑 안에는 세 개의 기하학적인 입체가 들어 있으며, 전체적으로 동적인 긴장감을 불러일으키는 나선은 해방된 인간의 운동이 지나가는 궤적을 표현했다. 이와 같이 이 기념비는 겉으로는 공리적 기술을 강조하고 있지만, 그 내면을 보면 하나의 상징적인 기념탑이었다.

소비에트의 문학이론가이자 비평가인 빅토르 시클롭스키Viktor Shklovsky는 이 탑이 "철과 유리와 혁명으로 지어졌다."라고 했지만, 그의 말대로 철과 유리와 그것을 구축하는 기술로 만들어진 것이 아니었다. 실제로 만들어진 것은 나무로 만든 5미터 정도의 축소 모형뿐이었다. 그런데도 이 5미터 정도의 '제3 인터내셔널 기념탑' 모형은 새 사회를 상징하는 것이 되어 민중을 열광시켰다.

이 5미터짜리 '제3 인터네셔널 기념탑' 모형은 러시아 아방가르드만이 아니라 근대건축가가 기술을 어떻게 이해했는지를 잘 보여준다. 사진에서 보듯이 민중은 에펠탑보다 더 높은 기술력에 환호한 것이 아니라, 새 사회를 이끄는 이데올로기에 환호한 것이다. 이때 이 모형은 그들의 이데올로기를 함축한 것이었다. 기술이라는 관점에서 보면 벅민스터 풀러가 비판했듯이, 근대건축가들은 결코 아방가르드前衛는 아니었다. 그러나 그들은 스스로 이데올로그가 됨으로써 기술과 이데올로기 사이에서 이전과는 다른 건축의 문화를 만들어낼 수 있었다.

근대건축에서 기술이란 어떤 것인가를 생각할 때, 머리에 떠오르는 또 하나의 장면은 러시아의 아방가르드였던 타틀린이 자신이 만든 비행기 '르타틀린Letatlin''에 매달려 하늘 저편을 응시하는 장면이다. 그렇지만 이 비행기는 기술이라고는 하나 나무를 깎아 천으로 감은 뒤 부재를 묶어 만든 것이었기 때문에 기계라고 부르기에는 지나치게 낙후된 수제품이다. 더욱이 이 비행기는 모형일 뿐인데도 타틀린은 '르타틀린'의 약한 줄에 매달려 있다. 날 수 없는 기계의 모형 속에 자신의 신체를 매달고 있는 것이다. 그는 도구적인 기술을 넘어 사회를 응시하는 이데올로그였기 때문이다.

기술의 근대건축사
제1 기계시대의 기술
아무리 중심적인 건축가가 주장한다고 해서 사회가 그렇게 쉽게 바뀌지는 않는다. 따라서 현실 사회와 건축가의 새로운 주장은 그렇게 쉽게 일치되지 못한다. 기술과 건축설계가 역사로 전개하는 바를 명석하게 다시 읽게 해준 이는 건축역사가이자 비평가인 레이너 밴험이었다. 그는 『제1 기계시대의 이론과 디자인』[51]에서 기술혁신이 사회문화에 미치는 영향이라는 관점에서 근대운동을 다시 썼다. 그는 근대 이전부터 시대의 이론을 대표하는 중심적인 건축가의 문장을 시대순으로 면밀하게 관찰하면서 이런 사실을 규명하고 있다. 이 책은 근대건축 여명기의 건축서로 이만한 책은 앞으로 나오지 않을 것이라고 평가받을 정도로 중요한 책이다. 밴험은 산업혁명에 의한 기계화에서 자동차가 등장하기까지의 시기를 '제1 기계시대'라 불렀다. 그러나 이 책은 잘 정리된 근대건축사 교과서처럼 결코 일목요연하게 읽히지 않는다.

　　근대주의 건축의 혁신자들은 '기계'를 자신이 하는 새로운 건축의 상징으로 삼았다. 그러나 밴험은 그럼에도 이 혁신자들이 '기계'를 완전하게 이해하지는 못한 채 여전히 고전적이며 회고적인 형태의 건물을 설계하고 있었다고 비판한다. 그리고 기술의 표현이라는 옷을 입고 그 '기계'를 전 시대의 에콜 데 보자르École des Beaux-Arts에 있었던 고전적 구성의 감각으로 그때그때마다 이해했다는 것이다. 이렇게 근대건축은 고전주의 건축에서 벗어나려고 했음에도 근대건축은 여전히 고전건축에서 시작하고 있었다.

　　밴험은 근대건축이 '기계'를 있는 그대로 이해했다는 통설을 통렬하게 비판한다. 근대건축에서 기술을 고전주의적으로 해석한 대표적인 인물은 코르뷔지에다. 그러나 코르뷔지에는 『건축을 향하여』에서 두 대 정도의 자동차를 인용하고 있으면서도 이것으로 대량생산되는 제품을 다 다룬 듯이 말하며, 기계란 본래 수명이 짧게 설계되는 것인데도 기하학적인 단순함과 영구성을 기계의 속성으로 은유하여 파악했다. 이런 가운데 그는 기계와 건축의 관계를 근대사회의 입장에서 가장 정확하게 파악한 건축가들로 미래파를 크게 평가한다. 밴험은 미래파의 산텔리아를 코르뷔지에나 그로피우스와 비교해볼 때 기계의 세계를 완전히 이해하고 있는 그대로 표현한 건축가로 역사에 다시 위치시켰다.

이처럼 밴험은 근대건축가들이 '기계'로부터 영감을 진지하게 표현하지 못하고 자기들의 아카데믹한 취향을 정당화할 목적으로만 이용했다고 비판한다. 근대건축가가 테크놀로지의 본질에 관한 관점을 잃어버린 이유는 형태를 상징화하려 했고 기술을 정형定型과 이론으로 이용했기 때문이다. 정형定型의 이론은 기능주의 건축뿐만이 아니라, 규격화되고 추상적인 제품 디자인의 미학적 기반이 되었다. 그런데 이에는 비개성적이고 대량생산되며 복제 가능한 공업 제품을 예술로 파악하려는 입체파나 코르뷔지에와 아메데 오장팡Amédée Ozenfant이 함께한 순수파 회화가 기초가 되었다. 그들에게 정형이란 기하학적 절대미를 가진 것, 완료되어 더 이상 변화하지 않는 것이며, 모든 것이 이 정형을 향해 발전한다고 생각했다.

그러나 밴험은 기술이란 끊임없이 속도가 더욱 빨리 변화하는 것이며 억제할 수 없는 것으로 본다. 기술은 언제나 좋은 상태를 향해 나날이 계속 새로워지기 위해 변화하고 혁신하는 것이다. 그런데 건축을 정형이나 규격으로 제한하는 것은 진보하는 과학 기술과 모순된다. 또한 표준화나 규격화가 전제된 대량생산도 실제로는 진보하는 기술과 상반된다.

건축은 발전하는 기술을 쫓아가야 하고 그러려면 건축은 고정되어서는 안 된다. 그런데 기술을 표방한 건축은 시간이 지남에 따라 진부해지고 만다. 기술은 계속 발전하는 것이고 이상적인 것으로 머물 수 없는데도, 근대건축은 '기계'를 이상적인 것, 고전적인 것으로 해석하고 이를 정형으로 파악했다. 그런데도 건축은 새로이 계속 발전하는 기술을 쫓아가지 않을 수 없다. 그러나 그렇게 하면 건축은 단명하는 것이 되고 만다.

제2 기계시대의 기술

『제1 기계시대의 이론과 디자인』이 나온 지 30년 뒤에 마틴 폴리 Martin Pawley는 밴험의 사관을 계승하여 이 책의 제목을 본떠 1991년에 쓴 『제2 기계시대의 이론과 디자인Theory and Design in the Second

Machine Age』[52]이라는 책에서 1980년대 포스트모더니즘 시대의 기술과 건축설계를 사회적 관점에서 논했다. 그는 뱅험의 책이 쓰였던 1950년대 후반, 즉 가정용 전기제품이 대거 등장하고 대중문화의 기반이 된 시대를 '제2 기계시대'라고 정의하고 있다. 『제2 기계시대의 이론과 디자인』은 이런 '제2 기계시대'의 관점에서 근대주의 건축을 다시 본 것이다. 뱅험 식으로 말하자면 지금은 '제3 기계시대' 또는 '제1 전자시대'에 있다고 할 수 있지만, 폴리가 『제2 기계시대의 이론과 디자인』을 쓰면서 뱅험에게 편지를 썼을 때 뱅험은 "이미 지금은 제6, 제7 기계시대"라는 답장을 보내왔다고 한다.

뱅험도 저서나 잡지 등에서 본 예술, 공업디자인, 건축, 도시, 사회문제 등의 수백 개의 기사를 두고 다시 '제2 기계시대의 이론과 디자인'을 고찰했다. 그리고 그 상위에는 대중문화, 기술, 인간 생활의 총체로서 도시가 존재하고 있다고 보았다. 그는 대중의 취향을 이해하고 시장의 정보를 피드백하여 미국 자동차 뷰익 센추리Buick Century와 같은 대중예술의 미학이나 그것을 일반화한 소비재의 미학으로 대중을 상징하는 제품을 디자인해야 한다고 주장했다. 대중예술은 상업적인 것이고 돈을 벌 수 있는 꿈의 이미지를 표현한다. 모더니즘의 대중화는 건축만이 아니라 1960년대의 문화 전반에서 볼 수 있는데, 팝아트는 이러한 동향이 예술에 들어온 운동이었다. 실제로 미디어 테크놀로지의 보급력에 큰 영향을 받은 것은 대중문화 팝아트였지 하이아트High Art가 아니었다.

'팝 건축Pop Architecture'이라고 하면 자신은 팝 건축의 문화 속에 살고 있으면서도 이에 그다지 큰 관심을 두지 않는다. 건축을 고상하게 여기는 선입견 때문이다. '팝 건축'이란 건축이나 건축가가 소셜미디어, 잡지, 영화 등의 대중문화pop culture를 표현하는 방법이다. 판매 주택이 즐비한 교외의 집합주택이나 1939년 뉴욕 만국박람회의 '퓨처라마Futurama', 2002년 포드 파크 파빌리온Ford Park Pavilion, 햄버거 스탠드 등은 모두 대중의 취향을 포함한 건축이다. 아키그램은 대중문화를 건축으로 나타낸 대표적인 사례다.

그 배경에는 대중을 위한 기술이 대응하고 있다. 이러한 기술에서 대중예술과 공업 제품이 나타나고 이것에서 광고와 선전을 위한 건축, 기술적으로나 미적으로 소비되는 건축, 시장을 반영한 건축이라는 개념이 도출된다. 이러한 영향을 받아 건축은 공간에 의미를 주기 위한 미디어라고 정의되기도 한다. 이렇게 하여 건축은 다양한 레벨의 대중문화도 표현하게 되었는데, 밴험은 이런 상황 안에서 건축도 자본주의 사회에서 일어나는 상업 활동이며 광고업의 하나라고 여겼다. 오늘날 소셜미디어를 통해서 건축 디자인에 관한 의견을 공유한다든지, 이를 이용하여 건축가가 자신을 선전하는 것도 '팝 건축'의 현실이다.

밴험은 자신이 속해 있던 '제2 기계시대'는 제대로 기술과 직접 융합하고 있다고 주장한다. '제2 기계시대'에는 '전통'과 '공학'이라는 두 가지 개념이 다시 정의되는데, 새롭게 정의된 '전통'은 작업의 전승, 곧 과학기술과 함께 지금 시점에서 과거에 축적된 모든 것이 이에 속한다. 따라서 종래에 건축가가 사용한 재료나 구법도 전통이 된다. 그러나 '공학'은 이제까지 있던 것과는 전혀 다른 기술이나 가치, 사물을 만들어내고, 현재의 가치 개념을 변경하고, 지적으로나 기술적으로 커다란 변동을 일으킨다.

기술에 대한 밴험의 사고에 근간이 된 것은 벅민스터 풀러다. 풀러는 인간 환경과 건축의 관계를 개선하기 위하여 전혀 새로운 건축을 기술적으로 실현시키는 방법을 모색했다. 그래서 밴험은 풀러가 말한 것처럼 '환경'에 대한 기술, 그리고 전혀 새로운 건축을 만들 것으로 기대되는 '기술자의 패브리케이션fabrication'을 제2 기계시대의 '공학'이라 말하고 있다. 또한 밴험은 이렇게 다시 정의된 '전통'과 '공학' 사이에 있는 건축가를 미스 반 데어 로에라고 보았다. 케이스 스터디 하우스Case Study Houses로 대표되는 유리와 스틸 건축도 이에 속한다.

모던 디자인의 대중화는 두 가지로 이루어졌다. 하나는 코르뷔지에 식의 노출 콘크리트와 값싼 재료를 사용한 표현과, 케이스 스터디 하우스와 같은 철골구조의 경쾌하고 투명한 공간의 표현이었다. 케이스 스터디 하우스는 유럽의 엄격하고 고전적인 미스의 건축과, 임스 주택Eames House으로 대표되는 미국식의 경쾌하고 재치가 풍부한 디자인이 통합된 것이다.

또한 밴험은 1969년『잘 조정된 환경의 건축The Architecture of the Well-Tempered Environment』[53]에서 건축설계에서 환경제어 기술의 중요성이 더욱 다가오고 있다고 앞서 말해주었다. 그는 이 책에서 공조 유닛 개발 역사와 그것이 거주 공간으로 도입되는 과정을 기술했다. 공조 시스템은 근대사회의 기능화로 많은 사람들이 동시에 모이는 공공 시설만이 아니라, 고층화된 집합주택 등 거주 공간 안에서도 공조 시스템의 사용이 불가피해졌음을 지적했다. 이런 입장에서 그가 말하고 싶은 것은, 옷을 포함한 개인 공간, 철도나 자동차 등의 교통 공간, 미술관이나 극장 등의 공공시설, 도시 그리고 지구 등 다양한 스케일 레벨에서 환경제어라는 사상에 바탕을 두는 공간 설계가 아주 크게 필요해졌다는 것이었다. 그러니 건축의 기술은 전위적인 예술가적 건축가들이 자신의 미의식을 동원하여 상징하는 형상이나 이미지로 절대 해결될 수 없다는 것이고, 이제부터는 건축이 환경 컨트롤 장치의 역할을 하게 될 것이며, 그것이 앞으로의 건축의 성격을 바꾸어나갈 것이라는 점이었다. 이것은 에콜로지의 공존이라는 새로운 패러다임을 인식하는 계기가 되었다.

한편 2000년 영국에서 개최된 지속 가능한 설계에 관한 회의 보고서인「반反기계시대의 지속 가능한 건축Sustaining Architecture in the Anti-Machine Age」[54]에서는 21세기 지속 가능한 설계의 다양한 방향을 소개하고 있다. 기술의 중심은 하드한 기술에서 소프트한 기술로 확장하고 있으며, 인간을 조직하는 기술로 옮겨가고 있다. 기술의 대상은 사회를 향하고 있고, 건축설계는 이제까지 이상으로 여기던 사회적 생산물로서 그 중요성이 더욱 강조되고 있다. 건축설계의 역사 밑에 기술의 발전이 흐르고 있기 때문이다. 이처럼 건축과 기술의 관계를 논의할 때『제1 기계시대의 이론과 디자인』은 계속 인용되고 참조된다.

철과 유리

공간을 혁신한 두 재료

과거에 주요 재료인 돌이나 벽돌이나 나무를 대신하여 철과 유리 그리고 콘크리트라는 새로운 재료와 구법이 나타났다. 이 재료는 이전에는 없었던 공간 설계를 가능하게 해주었고 재료마다 각각 상징적인 의미를 가지고 있었다. 특히 철과 유리가 그러했다.[55]

철은 이전에는 극히 부분적으로 사용되었지만 18세기 후반 대량으로 사용되면서 건축을 크게 바꾸었다. 유리는 중세 고딕 성당의 스테인드글라스에서 보듯이 전혀 새로운 재료가 아니었다. 그러나 19세기가 되면서 화학적인 조성과 대형화를 위해 계속 개량되었고 유리의 소비도 크게 늘었다. 주철 재료가 처음으로 사용된 것은 교량에서였다. 건축과는 전혀 다른 분야인 교량에 이러한 시도가 없었더라면 아마 건축도 바뀌지 않았을 것이다. 철근 콘크리트가 구조체에 대대적으로 사용된 것도 19세기 말에서 20세기 초의 일이었다. 이렇게 보면 19세기에 먼저 새롭게 각광받은 주요 재료는 철과 유리였다.

철로 된 골조와 유리로 된 피막은 이제까지 보지 못하던 새로운 건축 공간을 만들어냈다. 유리를 댄 천창은 18세기부터 많은 건물에 사용되었다. 1829년에 만들어진 루아얄 궁전Palais Royal의 갤러리에는 피에르 프랑수아 레오나르 퐁텐Pierre François Léonard Fontaine이 설계한 철골구조 지붕이 전면적으로 덮였다. 영국의 국회의사당조차도 외관은 당당한 고딕식이지만 지붕은 거의 철골구조였다. 공장, 창고, 역사驛舍, 교량, 온실, 파사주passage, 백화점 그리고 전람회나 박람회용 파빌리온 등 이전에는 없었던 종류의 건물이 많이 나타났는데, 이런 건물에 철골구조가 적극적으로 도입되었다. 철도가 산업혁명을 상징했듯이, 열차가 들어오고 많은 사람들이 드나들게 된 역사에는 그것을 덮는 거대한 철의 공간이 필요했다. 새로운 재료인 철은 철로를, 철로는 역사라는 건물 유형을 해결해주는 구조와 재료가 되었다.

철과 유리 그리고 콘크리트가 서서히 발전했다고 해서 종래의 건축 양식에 대한 관념이 달라진 것은 아니었다. 기술과 양식은 서로 관계없이 변화하고 있었다. 당시 건축가들이 철골구조를 조형의 대상으로 취급할 수 없었던 것은 돌이나 벽돌을 사용하여 육중한 양식 건물을 만들고 그 안에 세부적인 장식으로 의미를 표현해야 했는데, 철과 유리는 이와는 전혀 상반되는 재료였기 때문이다. 철은 작은 단면으로도 돌이나 벽돌과 같은 내력을 낼 수 있었으므로, 철로 역사적인 양식의 규칙을 따르는 형태를 만들 수 없었다. 투명한 유리벽은 단순한 피막으로 내외의 경계도 지워버리는 재료였다. 때문에 양식과 장식으로 의미를 표현하는 문화의 구현자로 자부하던 건축가들에게는 가볍게 노출되는 철과 유리는 기피의 대상이었다.

근대건축사에 자주 소개되는 외젠 비올레르뒤크Eugène Viollet-le-Duc는 자신이 수복한 석조의 고딕 성당에 철골을 조형 원리로 사용한 건축가다. 그는 철골 구조를 가시적으로 보여줌으로써 부분과 전체가 합리적으로 관계하는 구조를 제안했다. 베를라허의 암스테르담 증권거래소나 피터 베렌스Peter Behrens의 1909년 AEG 터빈 공장AEG Turbine Factory과 같이 이전의 양식적 형태와 함께 철골구조를 조합한 작품도 등장했다. 또 미국에서는 시카고파의 건축으로 대표되는 철골구조의 마천루도 실현되었다.

근대건축의 기술을 주도한 철은 다른 어떤 재료보다도 근대예술의 '운동' 개념과 관련하여 건축에 대한 이전의 고정된 사고를 경신하는 데 사용되었다. 미래파의 보치오니가 주장한 '속도'나, 타틀린이 물질에 고유한 '힘'이라는 말로 나타낸 '운동'의 개념에는 모두 철이라는 재료가 등장했다.

근대주의 건축가 중에서 철골구조의 가능성을 가장 깊이 탐구한 건축가는 말할 나위도 없이 미스 반 데어 로에다. 미스는 초기 두 개의 계획안인 프리드리히가의 1921년 오피스 빌딩과 철과 유리의 마천루 안에서 철골구조의 가능성을 제시했다. "마천루는 건설 중일 때만 대담한 구조적인 성격을 드러낸다. 그러고 나서야 하늘로 솟아오르는 거대한 골조가 압도적인 인상을 준다.

반면에 후에 파사드가 벽돌로 덮이면 이 인상은 완전히 사라지고 예술적인 개념의 가장 중요한 원리를 따르는 구축적인 성격이 부정된다. …… 이 건물들의 구조 원리는 우리가 외벽에 비내력벽인 유리를 사용함으로써 명확해진다. 유리를 사용함으로써 새로운 길이 열린다."[56] 이러한 입장에 서서 그는 1920년대와 1930년대에는 철골구조로 기하학적 형태의 새로운 공간을 창출하게 되었고, 일리노이공과대학교 건물들과 시그램 빌딩Seagram Building 등을 통해 철과 유리의 고층 건물을 완성해보였다.

온실, 기술의 집합

온실은 당시의 철재 가공 기술이 만든 첨단 건물이었다. 철과 유리로 된 온실은 1789년 무렵 독일 슈투트가르트 근교인 호헨하임Hohenheim에서 시작되었다. 영국에서는 1803년 험프리 렙턴Humphry Repton이 런던의 칼턴 하우스Carlton House에 같은 재료로 된 온실을 제안했다. 그 이후 1815년 조지 매켄지 경Sir George Mackenzie이 설계한 벽을 뒤로 두고 반 돔형 등의 형태를 한 철과 유리로 된 온실이 원예 애호가들에 의해 건설되거나 제안되었다. 이처럼 철과 유리의 건물인 온실도 건축가가 아닌 다른 전문가들이 이미 발전시켜왔다.

그 이후의 온실에 큰 영향을 미친 이는 본래 조경가였던 존 루던John C. Loudon이었다. 그는 꼭대기가 뾰족한 종 모양이나 절판형의 면으로 구성된 온실을 제안했다. 루던의 종 모양은 그것이 효과적인지 아닌지까지는 차치하더라도, 유해한 결로를 막아주면 절판면은 아침저녁으로 낮은 고도의 태양광을 얻게 해주었다. 그리고 온실을 만들며 철과 나무의 열전도나 팽창을 비교하고, 가열과 배기 등 여러 문제를 다루었으며, 최신 기술인 난방 기기를 설치했다. 또한 그의 제안에는 1816년에 개발된 서모스탯thermostat으로 연동하는 루버까지 포함되어 있었다. 온실이라고 하면 별것 아닌 것으로 여기곤 하지만, 실제로는 당시의 과학적인 지식, 기술적인 능력을 한곳에 모은 대단한 장치였다. 이런 기술이 후에 커튼월의 고층 건물과 공기조화로 발전되었다.

철과 유리로 된 온실로 유명한 것은 역시 큐 왕립식물원Royal Botanic Gardens Kew에 있는 온실이다. 이어 1851년에는 그 유명한 런던 만국박람회의 수정궁이 나타났다. 그렇지만 이런 건축은 건축으로 인정받지 못하였고 단지 그 기술만이 독자적으로 발전했다. 1869년에는 런던의 세인트판크라스역St. Pancras Railway Station이 역사와 호텔로 이루어진 당당한 고딕 양식의 건축물로 세워졌다. 여기에 얹힌 73미터의 스팬을 가진 공간은 당시로써는 최대의 실내 공간이었다. 이런 철제 기술은 창고, 독dock에도 사용되었다.

이상이 된 유리

근대건축은 유리를 통해 새로운 공간을 체험했다. 그러나 빛을 투과시키는 유리에 의한 새로운 공간은 내부 공간을 가득 채우는 채광 때문만은 아니었다. 빛을 투과하고 반사하는 유리는 기존의 경계를 부정하는 것이었으며, 그들이 지향하는 새로운 세계를 표상하는 것이었다. 예를 들어 샤를 푸리에Charles Fourier가 계획한 '팔랑스테르Phalanstère'는 형식상으로는 베르사유 궁전Château de Versailles을 모방한 것이지만, 공간을 유리로 덮음으로써 유토피아 공동체를 표상했다.

그 이후 유리는 유토피아의 상징이 되었다. 독일 건축가 브루노 타우트Bruno Taut의 1914년 '글라스 하우스Glass House'는 작가 파울 셰어바르트Paul Scheerbart가 「유리 건축Glas Architektur」이라는 글에서 말한 유토피아 구상을 건축으로 표현한 것이다. 이 건물은 재료와 기술이 종교 건물에나 있을 법한 정신적인 수준을 표현했다. 셰어바르트는 유리를 통해 다른 모든 건축을 지워버리는 유토피아가 된다고 상상했는데, 타우트는 셰어바르트를 유일한 건축 시인이라고 불렀다.

한 사람은 건축가이고 다른 한 사람은 시인이다. 시인은 유리 건축을 통해 유토피아를 상상했고, 건축가는 그 상상을 유리라는 물질로 가시화했다. 건축과 시, 유리와 유토피아가 어떻게 연결될 수 있을까? 유리라는 재료가 과연 무엇이기에 물질의 기술을 넘어 유토피아를 추구하는 태도를 낳게 했을까? 유리는 자동차 앞의 창에도 끼워져 있고 철도의 차창에도 끼워져 있는데, 왜 건축에서는 유리가 유토피아를 그리게 할까? 유리는 그 자체로 강한 동경의 대상이 되어서 유리만으로 된 건물이 기념비적인 성격을 가지게 되었다.

코르뷔지에의 '돔이노 시스템'도 가느다란 기둥이 받쳐주는 슬래브만 있고 벽이 있어야 할 곳에 유리를 넣는 생각을 실현한 것으로 볼 수 있다. 수많은 오피스 빌딩에서도 실현되었고 필립 존슨Philip Johnson의 글래스 하우스와 미스의 판즈워스 주택Farnsworth house에서도 유리가 근대건축의 이상을 실현해주었다.

철근 콘크리트

철근 콘크리트 구조는 철과 유리와 함께 20세기 건축 재료의 주역이었다. 천연 시멘트를 사용한 콘크리트는 이미 기원전 2세기 무렵부터 사용되어 판테온Pantheon이나 신전 등 일부 고대 로마 건축에 쓰였다. 콘크리트가 건축 재료로 광범위하게 사용된 것은 포틀랜드 시멘트로 대표되는 인공 시멘트 생산이 크게 보급되기 시작한 19세기 후반부터다. 20세기 초에는 많은 건물과 구조물을 짓기 위해 합리적이고 경제적인 소재로 널리 쓰였다.

여기에 철근을 넣어 일체로 만들고, 압축력에 강하고 내화성이 높지만 인장력이 약한 콘크리트의 장단점에, 내화성은 약하나 인장력은 강한 철재의 장단점을 합쳐 만든 것이 철근 콘크리트다. 그리고 20세기 이후의 건물은 목조구조든 철골구조든 어떤 구조물도 땅속에 있는 기초가 모두 철근 콘크리트로 지어진다는 점에서 철근 콘크리트와 혼합된 구조다. 그러면서도 다른 재료에 비해 가격이 저렴하여 빠르게 발전하는 시공 현장에 대응하기에 좋다. 이 공사에는 그다지 고급 기술자가 필요하지 않다.[57] 그래서 시공 업체의 모든 현장에서는 지금도 철근 콘크리트를 사용한다.

철근 콘크리트는 어떤 지역, 어떤 용도에 사용해도 거의 균일한 성능을 가진 구조물을 만들 수 있고, 강도가 충분한 품질을 얻으려면 만드는 방식이 정해져 있어야 했다. 콘크리트는 어떤 경우에도 일정한 힘과 강도를 발휘할 수 있도록 인공적으로 배합해 만든 재료다. 콘크리트는 획일적인 재료가 아니라 일반적인 균질한 성능을 얻기 위해 지금도 연구하고 있는 재료다. 철근 콘크리트는 공업화와 시스템화를 실현하기 위한 가장 중요한 재료다.

철근 콘크리트의 가장 중요한 특성은 구조체 전체가 하나가 되는 일체성이다. 건축구조는 기본적으로 기둥과 보로 이루어진 라멘Rahmen 구조라는 가구架構 형식을 취하지만, 일체성의 특성을 가진 철근 콘크리트 구조는 전통적으로 벽으로 된 조적 구조를 기둥과 보로 해방시켜 줄 수 있었다. 철근 콘크리트가 기둥과 보에서 해방된 구조라는 것은 복잡하고 다양한 요구 조건을 그 정도로 잘 받아주는 재료라는 뜻이다.

콘크리트는 자유로운 조형이 가능하고 구조적으로 일체를 이루는 가소성可塑性이 뛰어난 재료다. 이런 이유에서 셸 구조, 서스펜션 구조, 절판 구조, 아치 구조 등의 철근 콘크리트 구조 형식이 발전했다. 이 구조 형식은 라멘 구조와는 달리 대공간이나 대가구大架構를 만들어낸다. 그런데 콘크리트가 가소성이 뛰어나다는 것은 그만큼 콘크리트가 수동적이며 다른 것을 수용하는 재료라는 뜻이기도 하다.

20세기 전반에도 탁월한 철근 콘크리트에 의한 건축물과 구조물이 만들어졌다. 프랑스의 외젠 프레시네Eugène Freyssinet가 설계한 1923년 오를리 공항의 비행선 격납고Airship Hangers at Orly Airport, 스위스의 로베르 마야르Robert Maillart의 1930년 살기나토벨 다리Salginatobel Bridge, 스페인의 에두아르도 토로하Eduardo Torroja의 1935년 사르수엘라 경마장Hipódromo de la Zarzuela에 건 캔틸리버 셸 지붕, 이탈리아의 피에르 루이지 네르비Pier Luigi Nervi의 1936년 오르비에토 공항 비행기 격납고Aircraft Hangars at Orvieto Airport 등이 대표적인 작품들이다.

코르뷔지에는 철근 콘크리트로 만들 수 있는 건축물의 전형은 다 시도했다. 땅 위에 우뚝 선 1952년 위니테 다비타시옹Unité d'Habitation을 설명하는 사진 중에는 와인 랙에 병을 넣듯이 프레임 안에 건축가가 손으로 단위평면을 넣는 장면이 있다. 그렇듯이 위니테 다비타시옹의 L자형 단위평면은 공업 생산된 대량생산품으로 구상된 것이다. 그런가 하면 1955년 롱샹 성당Chapelle de Ronchamp은 철근 콘크리트로 자유로운 곡선, 기울어진 벽, 솟아오르는 지붕 등이 불안정한 균형을 유지하는 뛰어난 조형을 창조했다. 1960년 라 투레트 수도원Couvent de La Tourette도 그 구조의 대부분이 현장 타설 콘크리트가 아니라, 공장 생산된 프리캐스트 콘크리트다.

1960년대 전후에는 구조적인 합리성을 유지하면서 구조형식 자체가 갖는 조형적 필연성과 표현을 추구하는 경향이 있었다. 이를 '구조표현주의'라고 한다. 예를 들어 네르비 같은 건축가는 구조체의 힘의 관계를 통해 형태를 직접적으로 표현한 대표적인 인물이었다. 이는 기술이 건축의 공간과 형태를 만들어내는 가장 직접적인 수단이라고 보았기 때문이다. 건축가 에로 사리넨Eero Saarinen의 1962년 케네디 공항 TWA 터미널TWA Terminal at JFK Airport은 새가 날아가는 듯한 동적인 형태를 하였으며, 덴마크 건축가 예른 웃손Jørn Utzon의 1973년 시드니 오페라하우스Sydney Opera House는 범선, 배, 조개 등 대지에 적합한 이미지를 상기시키는 조형을 만들었다.

한편 성장과 개발과 효율만 추구한 나머지 오늘의 도시가 심각한 과밀화를 낳았다고 할 때, 콘크리트 건물의 도시도 함께 비판한다. 일반적으로 콘크리트를 삭막함, 획일적인 것의 대명사처럼 사용한다. 영어로도 '콘크리팅 오브 더 엔바이론먼트 concreting of the environment'라는 말이 있듯이 콘크리트는 환경을 파괴하는 재료로 곧잘 비유된다.

삭막하던 콘크리트 옹벽을 디자인 벽화로 아름답게 꾸미자 삭막한 콘크리트 공간의 감성이 살아났다거나, 도심의 삭막함의 상징이었던 회색 콘크리트 담장에 벽화가 그려져 추억이 샘솟는 행복한 담장으로 변했다는 말을 많이 듣는다. 그러나 이것은 아주 잘못된 생각이다. 디자인 벽화는 페인트이고 콘크리트 담장은 삶을 지탱하는 구조물이다. 벽화의 페인트가 토압을 막고 벽체를 세워줄 수 없는데도, 콘크리트를 삭막한 환경을 만드는 주범으로 여기는 풍토는 사라져야 한다. 벽화의 페인트는 화장처럼 칠할 때는 잠깐 산뜻해보여도 한두 해도 못 가서 추하게 벗겨지지만, 잘 만들어진 콘크리트 구조물은 훨씬 오랜 세월을 견디며 사람들의 생활을 보호해준다.

콘크리트는 그 자체가 화학 재료이며 주물을 뜨듯이 흘려 넣어 굳게 만드는 재료다. 자갈, 모래, 시멘트, 물이라는 서로 다른 재료가 섞여 있는 균질하지 못한 불순물이며, 알칼리성인 이 재료는 산성인 공기에 노출될 때 공기 속의 이산화탄소와 산소로 점차 중성화하는 재료다. 중성화하면 표면에 균열이 생기고, 그 사이로 빗물이 들어가면서 서서히 깊숙이 있는 철근을 부식시키고, 부식된 철근이 콘크리트를 부수는 그런 재료다.

철근 콘크리트의 뛰어난 가소성 때문에 노출 콘크리트는 거푸집의 결을 보여준다.[58] 노출 콘크리트는 시공 직후에는 냉정해 보이지만 다양한 변화를 겪으면서 일종의 기억을 담아낼 수 있다. 그렇기 때문에 노출 콘크리트는 합리적이지만 기술적으로 비합리적인 과정이 수반되는 재료다.

콘크리트를 무미건조한 재료로만 보아서는 안 된다. 렘 콜하스Rem Koolhaas는 코르뷔지에가 곧잘 사용한 현장 타설 콘크리트를 "꿈과 같은 것"이라고 말한 바 있다. 콘크리트는 질척질척한 회색의 액체 모양으로 일정한 형상이 없는 것인데, 이것을 비어 있는 틀에 흘려 넣어 굳게 함으로써 현실의 것이 된다는 뜻이다. 처음에는 유체이고 융통성이 있던 것이 갑자기 굳음으로써 견고한 현실이 되는 것, 그리고 공허함과 충만함을 동시에 구체적으로 보여주는 것이 철근 콘크리트의 물성이라 할 것이다.

엘리베이터와 에어컨

근대건축의 시작은 근대건축사 책의 앞부분에 나오는 여러 운동을 주도한 인물만이 만들어낸 것이 아니다. 근대건축과 도시를 만들어낸 것은 엘리샤 오티스Elisha G. Otis의 엘리베이터와 교외전차라고 하는 두 가지 기술적인 산물이었다. 교외전차의 발명으로 도심에서 일하는 근로자의 주거를 교외로 나가게 만들었고, 잇달아 전원도시의 발전이 뒤따르게 되었다. 그 결과 도심의 일터와 교외의 주거가 분리되었는데, 근대건축가에게 특별히 중요한 건축 과제가 되었던 사무소 건축과 독립 주거는 이렇게 해서 만들어진 것이다. 이와 마찬가지로 널리 보급된 엘리베이터가 실용화되면서 고층 빌딩 건축이 가능해졌고 시카고나 뉴욕에 고층 빌딩과 마천루가 늘어서게 되었다.

사람은 땅 위에 붙어 살게 되어 있다. 이집트의 피라미드가 146미터라고는 하지만 그것은 사람이 사는 곳이 아니다. 사람은 수평 방향으로는 얼마든지 멀리 다닐 수 있지만 위아래로는 쉽게 다닐 수 없다. 사람이 위아래로 다니며 생활할 수 있는 범위는 불과 20미터밖에 안 된다고 한다. 20미터라고 해보아야 5층 정도다. 그래서 계단식 아파트의 한계가 5층이고 그 이상은 엘리베이터를 이용해야 한다는 기준이 여기에서 나왔다. 이러한 상하 방향의 생활 범위를 한 번에 혁신시킨 것이 엘리베이터였다. 오히려 엘리베이터야말로 19세기에서 20세기에 걸쳐서 건축의 개념을 가장 크게 바꾼 것은 공간 형태가 아니라 바로 이 엘리베이터의 발명이었다.

엘리베이터는 초기 근대건축의 형태에 그리 큰 영향을 주지는 않았다. 그러나 러시아 구성주의의 또 다른 대표작인 빅토르와 레오니트 베스닌Victor & Leonid Vesnin 형제의 1924년 레닌그라드 프라우다Leningrad Pravda 계획*은 투명한 엘리베이터 상자에서 위아래로 움직이는 사람, 계단의 사선, 사람들의 출입을 말하는 입구의 입체, 발코니를 위에 둔 경사진 입체 등 형태의 운동감을 적극적으로 시각화했다. 엘 리시츠키El Lissitzky의 1920년 레닌 연설단 Lenin Tribune*은 러시아 구성주의 건축의 동적인 조형을 전형적으로 보여준다. 비스듬한 철골구조물이 있고, 이것에 기대어 엘리베이터 같은 것이 위아래로 움직이며, 블라디미르 레닌Vladimir Lenin은 몇 개의 단을 더 올라가 연설단에 서게 되어 있다. 비스듬한 철골구조처럼 그의 몸짓도 기울어져 있다. 동적인 장치 위에서 민중을 선동하는 그의 모습에서 당시의 건축가들이 얼마나 '운동' 그 자체를 디자인의 주제로 삼아왔는지 짐작할 수 있다.

오늘날 우리가 사용하는 엘리베이터를 발명하는 데 가장 큰 공헌을 한 사람은 오티스였다. 1852년에 안전장치를 갖춘 물품승강기를 만들었는데, 이것이 최초의 근대적인 엘리베이터였다. 이런 과정을 거쳐 1889년에는 전력으로 이동하는 엘리베이터가, 1892년에는 버튼으로 조작하는 엘리베이터가 개발되었다. 주택용 엘리베이터가 개발된 것은 1894년이었다. 사무소 건물에 엘리베이터가 최초로 들어온 것은 1870년에 세워진 6층의 에쿼터블 생명보험 빌딩The Equitable Life Assurance Society Building이었다. 그런데 주변 건물이 20층에서 25층으로 올라가자 1897년에 조지 브라운 포스트George Browne Post가 40층 건물로 바꾸었다. 때마침 1895년에는 에스컬레이터가 발명되었다. 완전 자동 엘리베이터가 출현한 것은 1949년이었다. 지금은 폭파되어 없어지고 말았지만 세계무역센터World Trade Center에는 255대의 엘리베이터와 71대의 에스컬레이터가 있었다.

이런 엘리베이터 개발 덕분에 고층 건물이 가능했다. 근대에서 고층 건물이 가능했던 것은 철골구조이지만, 엘리베이터의 발명이 없으면 철골구조로 고층 건물을 만들어낼 수 없었다. 마천루 시대를 연 것은 실로 엘리베이터 때문이었다. 또한 엘리베이터는 위아래가 크게 뚫린 대규모의 공간에 사용되었다. 존 포트먼John Portman이 설계한 하얏트 리젠시 호텔Hyatt Regency Hotel에서 보여준 바와 같이 엘리베이터는 내부 공간 구성을 바꾸는 중요한 요인이 되기 시작했다.

엘리베이터는 근대건축을 주도하던 기술이 만들어낸 기계다. 그런데 이 기계는 공장에서 물건을 만들어내는 기계도 아니며,

위아래로 운송해주므로 자동차와 같은 서비스 기계다. 그러나 자동판매기와 같은 기계와는 다르다. 자동판매기는 물건과 나 사이를 기계가 가로막고 매개해주지만, 자동차나 엘리베이터는 내가 움직일 것을 대신 움직여준다는 의미에서 비교적 신체적이다. 엘리베이터는 행선지가 뚜렷하며 누드 엘리베이터가 아니라면 시점과 종점만을 알 수 있고, 게다가 건물의 구조 체계 안에서 이동한다는 특성을 가지고 있다. 결국 엘리베이터는 건축을 높이 만들고 도시 전체의 모습을 바꾸었다.

또한 백화점은 수많은 물건을 진열하기 위해 벽면에 창을 자유롭게 낼 수 없는 건축물이다. 그 대신 내부 공간 한가운데에는 위에 천창을 두고 모든 층을 뚫은 공간을 두어 사람의 관심을 집중시켰다. 또한 어느 층에 어떤 물건이 있는지 알고 위아래를 다닐 수 있게 되어 있다. 그러나 만일 에어컨이 발명되지 못했더라면 이런 백화점이나 쇼핑센터는 나타나지 못했을 것이다.[59] 쉽게 알아채지 못하는 설비를 근대 기술이 만든 덕분에 고층 빌딩도 가능하고, 닫혀 있지만 체적이 큰 내부 공간을 만들 수 있었다.

에스컬레이터[60]와 공조 설비가 만나서 피막으로 밀폐된 끝없는 내부 공간을 만들 수 있게 되었다. 콜하스는 이런 공간을 '잔류 공간junkspace'이라고 표현했다. 외부가 없이 닫힌 채로 내부만 있고, 환기를 위한 창이 필요 없이 잘 유지되는 공간을 만든 것은 에어컨이라는 공조 설비 때문이다. 철골, 철근 콘크리트와 같은 구조재와 유리 등의 표면 재료만이 아니라 에어컨이라는 설비가 근대건축 공간의 특질을 결정했다. 그리고 건물이 지어지는 장소가 어떤 곳이라도 비슷한 건물을 세울 수 있게 해준다.

이 두 설비는 점차 외부에 대해 무관심하고 대규모의 내부 공간만 있는 건물을 양산하게 해주었다. 에어컨은 건물만이 아니라 자동차, 지하철, 공공 통로 등에도 가동되어, 자동차를 타고 집에서 쇼핑몰로 향할 때는 에어컨으로 온도가 조절된 차와 건축의 내부공간만 경험하게 해주고 있다.

표현과 노출

근대건축 이후의 기술
소비와 자본의 기술

소비사회를 상징하는 것은 플라스틱이었다. 플라스틱으로 대표되는 합성수지의 개발은 두 세계대전 사이의 시기에서 시작하여 1950년대 이후에는 값싼 일용품으로 대중의 일상생활에 깊이 침투했다. 싸고 가벼우며 다양한 제품으로 등장하여 소비시대를 주도했다. 철과 유리 그리고 철근 콘크리트의 근대건축 내외부는 합성수지로 덮이게 되었고, 플라스틱 가구나 일상 용품과 함께 놓이게 되었다.

1950년대 '제2 기계시대'의 주역은 텔레비전의 등장이었다. 가사 노동을 경감해주는 다양한 가전제품으로 둘러싸인 꿈의 생활 또는 미국적 생활양식과 주택이 함께 나타났다. 이제 건축은 생산을 위한 것이 아니라, 기계와 기술이 만들어낸 소비와 욕망을 위해 지어졌다. 제2차 세계대전이 끝나면서 소비사회가 찾아온 것이다. 근대기술을 미학적으로 해석한 유럽의 근대건축이 미국의 생산기술과 만나면서 자본주의 건축은 도시로 확대되어갔다.

1960년대 후반에는 급속히 진보하는 기술이 막대한 공해를 만들었다. 그리고 기술이 빈부 격차를 더욱 확대하는 원인임이 드러나자 기술에 대한 환상이 무너지기 시작했다. 이에 근대주의 건축을 반성하기 시작했다. 여기에 1970년대 초, 이스라엘에 무기를 공급한 미국에 아랍의 석유 수출국이 석유 수출을 중단하면서 일어난 오일쇼크의 영향과, 베트남전쟁의 패배로 미국 경제는 약화되었다.

이러한 배경에서 1970년대부터 1980년대에 이르는 시기에 균질을 앞세우고 지역성을 무시한 근대주의 건축을 반성하게 되었는데, 당시 이런 동향을 주도한 건축계는 포스트모더니즘 건축을 낳았다. 포스트모더니즘은 기본적으로 기술이란 왜 진보해야 하는가에 의문을 던지고, 역사적인 양식을 다시 평가하자는 움직임이었다. 실은 기술을 중심에 두고 러시아 아방가르드를 재평가하고자 '디컨스트럭션deconstruction', 즉 탈구축도 포스트모더니즘의 다른 표현이었다.

　　1980년대 포스트모더니즘 이후에 근대건축은 실패하였으며, 그것이 지나쳐버렸거나 의식적으로 빼버린 부분에 역사를 들고 들어와 잃어버린 의미를 재생하고 이국적인 정취를 담아보자는 건축이 나타났다. 그러나 포스트모더니즘 건축은 건축을 구성하는 '힘'이 아니라, 역설적이게도 상업 건축에 많이 나타났고, 심지어 극장 간판 같은 피막을 통해 도시에 다시 등장시키는 건축에 머물렀다.

환경과 정보의 기술

근대 이후의 기술 양상은 크게 달라지기 시작했다. 이러한 기술의 영향을 받아 기술의 진전을 거부하고 역사와 지역으로 되돌아가려는 포스트모더니즘 건축은 더 이상 성립하지 않게 되었다. 현대 사회가 중화학공업에서 정보 기술, 곧 하드웨어 기술에서 소프트웨어 기술로 전환되고, 컴퓨터는 고성능화되고 소형화되었다. 공학적으로 분석하고 예측하는 건축설계 기술도 급속하게 발전했다. 이에 복잡한 구조와 설비 시스템을 직설적으로 표현하는 하이테크 건축이 나타났다. 하이테크 건축은 겉으로 보기에는 기술을 물리적으로 표현하는 것이 목표인 듯하지만, 실은 복잡한 모델 분석을 가능하게 해준 IT의 보급 때문에 발생했다.

　　1980년대 말부터 1990년대에 걸쳐서는 사회주의 체제가 일제히 붕괴하면서 세계는 급속하게 자본주의화, 세계화되었으며 이로써 기술은 더욱 가속화되었다. 그러나 산업혁명 이후 누적된 인간의 기술은 지구 규모의 환경문제를 일으키게 되었다. 그 결과 인간의 새로운 기술은 1990년대에 하이테크가 에코테크ecotech로 진화되기 시작했다.

　　이에 따라 건축은 환경에 대해서 과연 어떤 태도를 취해야 할 것인가를 묻게 되었다. 건축물은 예술이고 문화이기 이전에,

더러운 공기를 배출하고 신선한 공기와 열을 얻기 위해 막대한 에너지를 소비하는 환경오염의 주범이며, 그야말로 지구 범위의 환경을 생각하지 않을 수 없는 것이 바로 건축임을 인식하게 되었다. 아름다운 건물로 아름다운 환경을 만든다는 순진한 건축가의 인식으로는 통할 수 없는 거대한 환경문제가 눈앞에 다가온 것이다. 이에 따라 건축에서는 눈에 보이는 구조나 공법 기술만이 아니라, 눈에 보이지 않는 환경제어 기술을 중시하게 되었다. 이리하여 21세기의 건축 과제는 지속 가능한 디자인을 통해 건축 기술을 종합하도록 변화하였다.

아키그램의 건축

1960년대 영국 아키그램의 실험적 계획안을 보면 건축은 사라지고 기술만 남아 있다. 건축은 개인만을 상대하는 단위로 축소된다. 그리고 이것이 다시 증식하여 환경을 이루고 있다. 주거는 인간의 의복처럼 개인의 스케일로 축소되고, 의복과 자동차와 주거 그리고 도시까지도 모두 같은 가치를 갖게 된다. 그 결과 인간과 기계의 경계는 사라져버린다.

아키그램은 1960년대 고도성장기 낙천주의와 소비주의를 표현했다. 비틀스가 활동하던 시기와 같았던 것을 생각하면 그들의 건축은 팝 음악과 같다. 그들은 테크놀로지컬한 유토피아에 SF 세계를 결합한 건축을 제안했다. '워킹 시티The Walking City'라는 이름의 계획안을 보면 전구가 소켓에 꽂히듯이 주거 단위가 거대한 구조물에 플러그인plug-in 되어 있다. 그 자체가 거대한 도시인 것처럼 보인다. 이런 거대한 구조물이 걸어 다닌다는 것인데, 그 배경에는 맨해튼이 있고 그런 도시 속을 만화에나 나올 듯이 움직인다는 코믹한 건축 계획안이 '워킹 시티'다.

아키그램이란 '아키텍처architecture'와 '텔레그램telegram'을 합친 말이다. 이 그룹이 자신을 아키그램이라고 부른 것은 이들이 텔레그램으로 발송되는 부정기적인 잡지로 건축을 논의했기 때문이다. 그들의 건축 자체가 매스미디어 속의 정보였다. 아키그램은 기술의 미학을 개발해온 근대건축과는 달리 정보로 환원된 건축을 추구했다. 이들이 구상한 유토피아적 계획안은 부재가 결합되는 기술이나 내부의 환경은 다루지 않았다. 그 대신 기술적인 이미지를 디자인하고 건축을 이미지로 정보화했다. 이에 케네스 프램프턴Kenneth Frampton은 이렇게 말했다. "아키그램은 풀러를 따라 남게 될 기술의 의미를 통해, 생산 과정이나 바로 그 시점에 다루어야 할 과제를 위한 세련된 기술의 타당성보다는 우주 시대 이미지의 매력에 더 많은 관심이 있었다."[61]

아키그램은 오브제인 건축의 형체를 소거하고 정보로 통합되는 환경을 그렸으며, 따라서 건축과 도시를 구별하지 않았다. 영국 건축가 데니스 크롬프턴Dennis Crompton의 '컴퓨터 시티Computer City'는 기계의 배선만 나타나 있을 뿐, 건축을 컴퓨터 하드웨어의 형상으로 치환했다. 피터 쿡Peter Cook의 '플러그인 시티Plug-in City'도 겉보기에는 건축처럼 보이지만, 실은 다양한 부품이 연결되어 있어서 그 자체가 거대한 기계인 도시다. 이렇게 하여 아키그램의 건축적 성과는 하이테크의 원류가 되었다.

아키그램은 '신체-공간-기계'라는 관계에서 공간을 빼고 신체와 기계를 직접 연결하고자 했다. 건축은 기계이고 도시도 기계이므로 신체가 기계에 직접 이어진다. '워킹 시티'처럼 건축이 도시 안을 걸어 다닌다든지 '플러그인시티'처럼 주택이 정보 기술의 도움으로 컴퓨터 단말기처럼 된다. 공간이 아니라 신체가 기계와 같다. 쿡의 '블로아웃 빌리지Blow-out Village'는 환경제어 유닛이 개인의 의복처럼 되어 기술이 신체에 직접 관여하고 있다. 그래서 도시는 기계의 부품으로 이루어진 주거 단위에 직접 연결된다. 데이비드 그린David Greene의 '리빙 포드Living pod'도 마찬가지다. 인간은 캡슐 주거 장치에 직접 연결되며 이 장치는 이동이 가능하다.

아키그램은 실제의 건물을 지은 적이 없으니 생산기술을 사용한 적은 없다. 그러나 이들은 1960년대에 구가하기 시작한 정보 기술 앞에서 건축이 어떻게 변화할 것인가를 물었다. 당시의 새로운 기술은 근대와 달리 비대해졌고, 건축에 직접 대입할 수 없는 새로운 테크놀로지의 영역은 엄청나게 확대되었다. 코르뷔지에처럼 정신이니 미학이니 하며 우회하여 기술을 말한 것이 아니라, 이들은 새로운 기술과 그것이 변화시킬 사회에 대응하는 건축을 상상하고 제안했다.

아키그램은 기술이 공간과 시간에 대한 지각 방식도 크게 바꿀 것으로 예상했다. 이들은 근대건축이 추구하던 물리적인 공간에 작용하는 기술이 아니라, 신체와 기계가 직접 작용하여 기술로 만들어지는 비물질적인 건축을 발견하고자 했다. 이렇게 볼 때 아키그램의 건축은 당시에 공상적인 것으로 보였지만, 이제는 변화하는 기술에 대한 건축가의 감성, 문화, 표현, 주거, 도시, 설비 등에 대한 근본적인 변화를 예견한 것이었고, 어쩌면 오늘의 현실을 예견한 것이었음을 알게 되었다.

하이테크 건축

기술 노출의 건축

1774년에 계획된 신新파리시립병원은 여섯 개의 병동이 방사상으로 연결되어 있고, 중앙은 원추 모양으로 되어 있었다. 그러나 이것은 흔히 감옥이나 병원에서 볼 수 있는 제러미 벤담Jeremy Bentham의 팬옵티콘Panopticon으로 감시하기 위한 것이 아니라, 공기의 흐름을 형태로 치환하여 전체의 공기를 관리하고 통합하기 위한 것이었다. 1777년에 발표된 또 다른 신新파리시립병원은 탄광에서 힌트를 얻어 첨두형의 천장에 환기구를 설치했으며, 1782년의 병원 계획에서는 공기의 움직임을 형태로 나타냈다. 이 병원의 설계자는 사각형의 방에서는 공기가 모퉁이에 담기므로, 이를 위해 타원의 천장과 유선형의 단면을 만들었다고 설명했다. 건축이 기계를 보여주고 있었다.

이에 비하면 현대의 병원은 어떤가? 환자 1,500명과 학생 3,000명을 수용하는 유럽 최대 병원 중 하나인 아헨공과대학 RWTH Aachen University 의학부 신병원은 미국 맨해튼처럼 도로의 격자 순환 체계와 공기조화를 위한 대규모 설비를 자랑하지만, 건축 형태와 기술의 관계가 불명확하다. 이 거대한 병원 공간은 관계로만 결정되며, 설비 덕트duct에 다채로운 색깔로 하이테크의 이미지를 나타내고 있다. 건축에서 기계가 보이지 않게 되었다.

건축에서 설비는 구조와 함께 중요한 기능이며 불가결한 역할을 하는데도 온도, 습도, 바람, 빛 등을 제어하는 것이 주목적이기 때문에 설비는 밖으로 거의 얼굴을 내밀지 않는다. 예전부터 설비 기기가 설계상 배려된 적이 없다고 해도 좋을 정도로 설비 기기는 감싸지거나 숨겨져 있었다. 그러나 건축설계에 대한 생각이 달라져서 먼저 구조를 디자인 요소로 생각하였으며, 세련된 구조를 솔직하게 표현한 공간을 아름답고 매력적인 것으로 여겼다.

요사이는 아주 작은 음식점이나 카페에서도 구조와 설비와 재료가 노출된 예를 많이 본다. 특히 설비는 구조처럼 기능과 형태가 밀접하게 관련되는 것이 아니어서 어디까지 보여주고 어디까지 보이지 말아야 하는가는 건축가의 판단에 달려 있다. 설비를 보이는 것은 설비 기구를 보이는 것만이 아니라, 렌초 피아노가 간사이국제공항関西国際空港에서 실현한 것과 같이 기류만을 위한 에어 덕트처럼 만드는 것도 있다.

1960년대까지의 기술이 하드한 기술이라면 1980년대 기술은 소프트한 기술이다. 1980년대 전반에 피크였던 하이테크[62]는 표현을 위한 기술, 이미지의 기술이었다. 하이테크는 '하이아트 high-art, 고급 예술와 테크놀로지' 또는 '하이스타일high style, 고급 스타일과 테크놀로지'의 합성어로, 첨단 기술이라는 뜻을 가진 단어다.

건축에서 기술은 기술을 다루는 이의 사고를 표현한다. 1960년대의 건축에서 기술이 '사물'을 표현했다면, 1980년대의 하이테크 건축은 '사물에 대한 사고'를 표현했다. 하이테크 건축은 1970년대에 나타난 하이테크로 만들어진 제품이나 기술을 건축물에 디자인으로 적용한 건축을 말하며, 포스트모더니즘 건축이라고도 하고 구조표현주의라고도 부른다. 하이테크 건축은 과학기술이 급격히 발전하는 사이에 모더니즘의 의미를 더욱 추진한 결과 도달한 최종 지점에서 생겼다.

이를 위해 눈에 보이기 쉬운 형태로 시대의 배경과 함께 과학기술의 진보를 실감할 수 있게 공업 제품이나 기술을 더욱 직접적으로 건축에 표현하여 새로운 미적 가치를 형성하고자 했다. 표현의 레벨을 높인 스타일의 건축이었다. 하이테크 건축은 시스템이 블랙박스가 된 미니멀리즘 건축과는 정반대다. 구조체와 설비 덕트 등 건축의 구성 요소를 감추지 않고 푸른색이나 붉은색 등 선명한 원색을 칠하거나, 때로는 메탈릭한 광택을 외부로 노출시킴으로써 동적인 형태를 보여주었다. 그러나 노출 콘크리트 건축도 노출된 형태이지만, 그렇다고 이를 하이테크 건축이라고 하지는 않는다. 이것을 보면 하이테크 건축은 이론이나 개념에 근거한 것이 아니라, 하나의 양식과도 같은 것이었다.

하이테크의 효시가 된 건물은 영국의 건축가 집단 '팀 4Team 4'가 설계한 1967년 릴라이언스 컨트롤스Reliance Controls였다. 이 건물은 3,200제곱미터나 되는 면적으로 한 공간을 만들고, 대량생산된 공업 제품의 카탈로그에서 부품을 선택해 조립하고, 하나의 요소가 두세 가지 역할을 겸하게 하여, 아주 저렴하게 시공했다. 회색 플라스틱으로 덮은 피복 재료와 대비되게 흰색을 칠한 구조용 강재로 안쪽과 바깥쪽을 모두 구조적으로 표현하는 등 그야말로 '인더스트리얼 버내큘러industrial vernacular'의 미학을 나타냈다.

영국의 건축가 노먼 포스터Norman Foster가 설계한 르노 배송센터Centre Distribution Renault*를 보면 강재가 사용되었다. 그러나 그것을 접합하는 방식은 이미 19세기 말에도 많이 사용되었으므로, 이 구조는 진보된 기술이 결코 아니다. 그렇지만 서스펜션 부재인 PC 강봉鋼棒과 철골 보의 조합은 전체적으로 건물을 가볍게 보이기 위한 중요한 수단으로 쓰였다. 과거 구조에서는 뼈대와 근육 자체의 이미지에 근거한 힘이 있는 기술이 사용되었다면, 1980년대 하이테크 건축에서는 힘에만 의존하지 않고 가볍게 보이려고 다양한 부재와 디테일이 사용되었다.

퐁피두 센터

하이테크 건축의 결정판은 퐁피두 센터Centre Pompidou다. 이 건물
은 아키그램이 실현하기를 포기하고 상상하여 그린 바를 그대로
실현한 것으로 평가된다. 하이테크 건축은 퐁피두 센터에 가장 잘
나타나 있듯이, 통상적으로는 감춰진 구조 부재나 배관이 노출되
어 있다. 설비 기기는 플러그인 되고, 부품은 탈착이 가능하며, 구
조체와 설비 배관은 외부로 크게 노출된다. 그리고 투명한 튜브
로 감싸인 에스컬레이터는 공중을 이동하며 각 층을 이어준다. 가
변적인 칸막이와 가변적인 바닥은 자유로이 공간을 닫고 연결할
수 있다. 또한 입면은 투명하고 내부 사람들의 활동이 모두 노출
된다. 뿐만 아니라 건축물이 조립되는 과정, 공간을 지지하는 구
조도 모두 노출된다. 이로써 설비는 단지 은폐되는 것이 아니라,
구조체와 함께 건축의 중요한 일부로서 모습을 노출해서 보여주
어야 한다는 논의가 시작되었다.

　　퐁피두 센터는 건축가 개인의 작품으로 제시되지 않고 엔지
니어를 포함한 팀으로 이루어졌다. 때문에 이 건축물에서는 건축
가의 개인적인 표현이 지워져 있다. 말하자면 새로운 기술과 그 기
술을 배경으로 이루어지는 사회는 익명적이며, 세워지는 건물도
특정 건축가의 작품으로 해결될 일이 아니라는 것을 예견한 것이
다. 따라서 건축가의 표현은 익명적이며 마치 공장을 설계하듯이
이해하기 쉽게 구성의 시스템을 노출하고 있다. 건물의 모든 부위
를 결정하는 과정도 작품으로 감동을 주는 것이 아니라, 왜 만들
어져 어떻게 사용할 수 있는지를 설명할 수 있도록 해결되었다. 이
건축물은 물리적으로 투명할 뿐 아니라, 설계하고 지어지는 수많
은 과정도 공간을 경험하는 사람들이 투명하게 느끼도록 했다.

　　왜 이렇게까지 노출해야 하는가? 그것은 퐁피두 센터에서
보듯이 건축에서 노출이라는 방식은 모더니즘 이후 건축운동과
밀접한 관계가 있다. 이전의 건축은 권력이나 힘을 표현하는 장치
로 존재했으나, 20세기 건축은 사용하기 쉽고 알기 쉬운 기능으
로 사회 활동을 유지하는 도구로 여겨졌다. 그러나 20세기 후반

에는 건축의 형태가 기능을 명시하고, 퐁피두 센터처럼 기술로 건축이 세워지는 과정까지도 정직하게 노출했으며, 자유롭고 공정한 시민사회도 함께 표현하게 되었다. 이러한 '노출'의 표현은 근대 건축 초기에 있었던 투명성의 개념이 변화한 것이라고 볼 수 있다.

롱샹 성당과 예일대학교의 천장
롱샹 성당의 천장

코르뷔지에의 롱샹 성당은 높은 땅 위에 예측할 수 없는 기묘하고 두꺼운 지붕이 건물의 모든 모습을 장악하고 있다. 이 지붕은 남쪽 파사드와 동쪽 제단 전체를 조율한다. 그러나 밖에서 볼 때는 무겁게 보이던 지붕이 내부에서는 마치 천막을 친 것처럼 곡면을 이루며 내부를 덮고 있다. 많은 이들은 내부로 들어가 정적 속에 빛이 아름다운 신비한이 공간을 보고 감동하지만, 사실 가운데는 내려오고 양끝이 올라간 천장이 공간의 주역이다. 이 곡면의 지붕이 굴곡진 벽면과 함께 파동하는 듯한 공간을 만들어낸다.

　　이 지붕을 어떻게 만들었는가는 많이 알려져 있다. 게 껍질을 보고 영감을 얻어서 이렇게 지었다는 설이 가장 유명하다. 그러나 게 껍질의 형상이나 의미가 중요한 것은 아니다. 가볍고 곡면을 이룬 게 껍질의 구조적 단서가 이미 마음속으로 정한 롱샹 성당의 지붕 형태를 실제로 어떻게 구현할 것인가 하는 기술을 발견하는 데 도움을 주었다는 점이 중요하다. 롱샹 성당의 지붕과 천장은 기술이 독립적으로 따로 있는 것이 아니라, 형태가 먼저 있었고 그것을 구현한 방법으로 발견되었다.

　　게 껍질 형태의 지붕은 구축을 위해서 기하학적인 규제를 받게 된다. 그러나 껍질이 모든 문제를 해결해준 것은 아니다. 지붕 안에 골조를 넣어 중량을 줄이는 단서는 비행기 날개의 기계 형태로 연구되었으며, 자연물과 기계가 이 지붕을 기술적으로 해결하는 바탕이 되었다. 비행기 날개는 세로 구조인 리브rib가 나란히 배열되고, 이것을 가로 구조인 스파spar가 묶어준다. 리브의 끝은 스트링거stringer로 이어주고, 노즈 리브nose rib가 날개 끝의 곡면을 이루게 한다. 이렇게 만든 구조물 위를 금속판이 덮는다.

코르뷔지에가 지붕 단면 스터디에서 그린 것은 이런 비행기 날개 구조였다. 롱샹 성당의 지붕 분해도[63]를 보면, 비행기 날개 구조를 그대로 이용해 지붕을 만들었음을 알 수 있다. 리브에 해당하는 높이는 2.26미터이고, 두께 17센티미터인 일곱 개의 보가 4.3미터 간격으로 놓인다. 이것은 위아래 장축 방향으로 각각 180개씩 모두 360개의 가늘고 작은 장선이 일곱 개의 리브를 연결한다. 이 리브는 현장에서 타설된 역보다. 이 장선은 프리캐스트이고, 단면은 27센티미터×5센티미터, 길이는 4.3미터다. 이 장선에는 셀 구조인 두께 6센티미터의 철근 콘크리트 슬래브가 붙어 지붕의 윗면과 아랫면을 구성한다. 지붕 위판은 방수 스프레이를 뿌리고 알루미늄 시트로 피복하였으며, 빗물은 지붕의 경사면을 따라 가장 낮은 위치인 뒤쪽의 토수구에 모인다. 이중 표면 사이는 높이가 2.26미터여서 사람이 지나다닐 수 있다.

콘크리트 지붕은 무거워 보이지만 최소의 무게를 갖도록 줄인 것이다. 비행기 날개처럼 위아래 두 면으로 속이 빈 지붕을 만들면, 슬래브의 위아랫면은 서로 다른 역할을 한다. 아랫면은 건물을 바라보는 시선과 내부에서 보이는 볼륨과 형태를 콘크리트로 조정할 수 있고, 윗면은 이와는 달리 알루미늄 시트로 빗물 처리만을 고려하면 된다는 이점이 있다.

일곱 개의 리브를 남쪽과 북쪽 변에서 각각 일곱 개의 기둥이 받치고 있는데, 북쪽의 직선 기둥은 벽에 들어가 있고, 스테인드글라스 창이 있는 남쪽의 일곱 개 기둥은 삼각형으로 배치해 이것을 중간에서 묶었다. 전체적으로는 일종의 기둥-보로 이루어진 라멘 구조임에도 구조는 벽과 콘크리트로 감추어서 로마네스크 건축처럼 벽이 모든 하중을 받고 있는 느낌을 주었다. 안에서 보면 천장이 벽과 떨어지게 힌지hinge 구조를 보여준 것이다. 덕분에 천장과 벽 사이로 가늘고 긴 빛이 들어오게 했고, 이것으로 천장의 콘크리트 면에 새어 들어온 빛이 비추어 시각적으로 더욱 가볍게 보이도록 했다. 실제의 라멘 구조는 감추어 벽식 구조처럼 보이게 하고, 벽과 천장의 힌지 구조로 이 건물의 실제 구조를 유추하게 하면서도, 천장의 물질적 특성을 빛으로 감소시키려고 했다.

예일대학교 아트갤러리의 천장

롱샹 성당과 비슷한 시기에 루이스 칸이 완성한 예일대학교 아트갤러리Yale University Art Gallery가 있다. 이 갤러리는 그가 로마에 체류하는 동안 자신에게 전환점이 된 바를 구체적으로 보여준 첫번째 건물이었다. 이 갤러리는 1950년까지 근대건축 구성을 하고 있던 스물세 개의 작품과 달리, 근대건축의 구성 안에서 새로운 변화를 일으킨 아주 중요한 건물이다. 그가 세계적인 건축가의 명성을 얻게 된 리처드 의학 연구동Richards Medical Reserch Laboratories이 1957년에서 1964년 사이에 설계되고 완성된 것을 고려하면, 이 갤러리가 칸에게 얼마나 중요한지 알 수 있다.

이 건물의 가장 큰 특징은 정사면체를 천장 전체에 배열한 것이다. 그런데 이 천장의 정사면체는 구조 트러스가 아니며, 엄밀한 의미에서 덧붙인 것이다. 본래 이 정사면체 격자는 풀러가 고안한 구조의 영향을 받은 것이지만, 풀러의 스틸과 달리 방 전체를 콘크리트 격자 천장으로 덮으려 했다. 사실 스틸로 만드는 정사면체 트러스를 콘크리트로 만드는 것은 거의 불가능하다. 이에 대해서는 내부 공조 덕트와 배관 스페이스를 내포하려고 정사면체 격자 천장을 만들었다고 하는 것이 일반적인 설명이다. 당시도 그렇고 지금도 그렇지만 보드 천장으로 내부의 덕트류를 감춘다. 그렇다면 이런 천장으로 마감하지 않아서 얻은 것은 무엇인가?

그가 천장을 이렇게 만든 것은 먼저 이 정사면체 격자 천장으로 공간을 독립적으로 보이게 하기 위함이었다. 기둥의 배열을 보면 코어를 사이에 두고 두 전시실이 각각의 기둥으로 지지되고 있다. 특히 기둥은 한가운데 있는 코어의 벽에 붙지 않고 분리되어 있다. 이는 전시실인 공간의 단위를 기둥에 의한 구조의 단위와 일치시키기 위한 것이었다. 공간 단위와 구조 단위를 일치시킨다는 것은 그 방의 고유한 성격을 마련하는 것만이 아니라, 갤러리에서 공간의 밀도 있는 융통성을 주는 것을 의미한다. 그리고 단단한 재료로 안정감이 있는 내부 공간을 만드는 것, 더 나아가 내부를 마치 고대 유적 안을 걸어 다니는 것과 같은 고전적인 archaic 느낌을 주는 것이다. 따라서 이 천장은 공간 단위와 구조 단위의 일치라는 그의 건축적 사고 그리고 더욱 깊이 있는 내부 공간의 주제가 각종 설비라는 기술에 대한 해석과 관련되어 있다.

그런데 이러한 천장의 시작은 구조와 설비의 통합에 있었다. 곧 건축의 기본이 되는 구조와 설비라는 기술 자체를 물은 것이다. 그래서 효율적인 구조 시스템에 빈 곳을 만들고, 그 안에 설비를 독자적으로 해결하는 것이 목적이었다. 그렇지만 적당한 천장으로 구조의 논리가 가려지고, 그 건물의 구조적인 질서를 나낼 기회를 잃게 만들었다. "천장 마감 없이 방과 공간의 설비 요구를 담을 수 있는 구조를 고안하려고 노력해야 했다. 구조에 붙인 천장은 스케일을 지우기 쉽다. 천장에 조명과 흡음재를 붙이고, 끔찍하고 원치 않는 덕트, 배선, 배관을 묻는 것이 참기 어렵게 만든다."[64] 이런 관점에서 보면 정사면체 격자 천장은 어떤 것이 다른 것과 관련하여 구축되는 질서를 드러내는 것reveal[65]이다. 그러니까 칸의 생각은 설비 시스템과 구조 시스템이 건축적으로 중요한 요소로 실체적으로 표현되는 것to be expressed에 있었다.

이처럼 완성된 견고한 정사면체 격자의 콘크리트 천장은 전통과 새로운 기술의 균형을 가져다주는 원인이 되었다. 그리고 "일단 완성되었을 때 그 자체로 고도의 기술이 인간의 가치 또는 인간적인 스케일을 해치지 않는다는 것이다. 예일대학교의 이 건물은 사람으로 하여금 기술이 예술이 제어하고 적합하게 해야 할 바를 최대한으로 나타낼 수 있게 해주었다."[66]라는 도시계획자 프레더릭 구테임Frederick Gutheim의 말처럼, 이 건물의 천장은 단순히 천장 설계가 아니라, 기술이 그 자체에 충실하여 결과적으로 사람에게 가치를 나타내는 것임을 증명해주었다. 그래서 칸의 지지자인 건축사가 빈센트 스컬리Vincent Scully가 "전형과 질서" 그리고 진보된 기술과 고대적 감각을 함께 보여주었다고 말한 것이다.

생산기술

벅민스터 풀러의 기술
하이테크 건축의 선구자

발명가이자 건축가인 벅민스터 풀러는 대부분의 근대건축가와는 대조적으로 기술을 철저히 추구하여 새로운 건축의 자리를 찾고자 한 사람이다. 그래서 그는 에디슨이나 자동차왕 헨리 포드 Henry Ford처럼 평가된다. 그는 "모든 사람들을 위한 모든 과학기술을 완전히 이용하는 것은 가능한 한 최대의 가속도로 촉진하는 것"을 신조로 삼고 활동했다. 그럼에도 포스트모더니즘이 시작하는 1970년대에는 그의 사상이 전혀 거론되지 않았다.

그러나 1980년대 이후가 되자 사정이 달라졌다. 기술적 표현을 추구하는 노먼 포스터를 비롯한 하이테크 건축가들이 그를 재평가했다. 하이테크가 에코테크 건축이나 지속 가능한 건축으로 이어지면서 풀러의 기술에 근거한 건축 환경을 다시 생각하게 되었다. 영국의 하이테크 건축과 지속 가능한 건축을 주도하고 있는 포스터는 1968년부터 1983년까지 풀러와 파트너십 관계에 있었으므로 풀러의 후계자다. 포스터는 풀러 사상의 연장선에 있으면서도 새로운 기술에 민감하게 반응하고 풀러와는 다른 독자적인 설계 수법을 확립했다. 풀러는 그런 인물이었음에도 우리나라에서는 단순한 발명가 정도로 이해되고 있다.

그러나 기술의 본성은 일차적으로 자체적 논리를 가지고 주변의 세계로 확장해나가는 데 있다. 그렇다면 이러한 기술에 깊은 영향을 받은 근대건축은 실제로 기술에 대해 어떤 역할을 해온 것일까? 코르뷔지에는 기술에 대해 직접 묻지 않고 미학으로 에둘러 주장했다. 그러한 기계 미학의 대표작인 사보아 주택 설계를 시작한 1928년보다 한 해 전인 1927년에 풀러는 기계처럼 대량생산을 전제로 설계한 다이맥시온 하우스 계획Dymaxion House을 제안했다. 이 두 사람은 공교롭게도 아주 비슷한 시기에 기술에 대한 전혀 다른 태도로 근대건축의 방향을 해석했다.

풀러는 근대건축은 기술을 우회하는 방식으로 영향을 받아왔다며 근대건축이 기술에 행해 온 성과를 통렬하게 비판한다. "국제 양식의 '단순화'는 표면적인 것이 지나지 않았다. 그것은 어제의 겉장식을 벗겨내고, 그 대신에 사이비 단순성이 주는 형식적인 고상함을 입히고 있었다. 그러나 이런 식의 단순성은 버려진 근대적인 합금의 숨겨진 구조적인 요소로 만들어졌는데, 이 또한 이미 버려진 보자르에게 겉장식에서나 가능한 일이다. …… 바우하우스도 국제 양식도 모두 표준의 배관 설비를 사용하였으며, 기껏해야 배관 손잡이나 수도꼭지 표면이라든지 타일의 색깔, 크기, 배치를 바꾸도록 제조업자에게 권하는 정도였다. 국제적 바우하우스는 배관을 보려고 벽 내부를 조사한 적이 없다. …… 그들은 위생설비 자체의 전체적 문제를 탐구한 적이 없다. …… 단적으로 말해 그들은 완성된 제품의 표면을 수정하는 문제를 보고 있었을 뿐이다. 그런데 이 완성 제품이라는 것도 본래는 기술적으로 뒤떨어진 세계의 보조 기능에 지나지 않았다."[67] 이것은 밴험이 지적한 바와 같이 바우하우스, 넓게는 근대건축이 기술의 기본적인 문제 자체에 대한 관심보다는 겉보기의 형상에 더 많은 관심을 기울였음을 입증한다.

다이맥시온 하우스

다이맥시온 하우스는 사보아 주택과 달리 중심에 압축 지주를 가진 육각형 평면이며, 바깥 둘레가 인장재로 고정되어 있다. 이와 같이 압축재와 인장재를 조합한 경량 구조는 당시 비행선의 장력 구조에 영향을 받았다. 이 주택은 대좌에서 빼내어 이동할 수 있을 정도로 경량이다. 내부에는 욕실, 난방, 배선, 배관 등 설비가 집중되어 있으며, 단 하나뿐인 중앙의 기둥을 통한다. 또 자동 세탁기, 발전기, 오수 처리 탱크, 에어 컴프레서, 습도조절기 등이 집결되어 있다. 공업화를 통한 경량화로 전 세계에 운반하여 건설할 수 있는 건축을 실현하고자 했다. 다이맥시온 하우스야말로 "세계 어떤 장소에서든 전화기를 놓는 것과 같은 속도로 설치할 수 있을 것이다."라는 풀러의 말처럼 생산기술로 만들어진 진정한 의미의 "살기 위한 기계"였다.

그가 고안한 '지오데식 돔Geodesic Dome'도 기둥이 없다. 1967 년 몬트리올 만국박람회 미국관은 입체 트러스로 만들어진 3/4 구球였다. 그리고 그 안에 건물이 감싸여 있었다. 그는 이런 인공 환경으로 뉴욕 맨해튼도 덮을 수 있다고 생각했다. 그는 시너제틱 스Synergetics를 제창하고, 그의 개인적인 체험에서 나온 독자적인 기하학으로 삼각형과 정사면체를 기본 형태로 한 형태 생성 원리 를 활용해 원자 구조에서 우주의 생성까지 설명했다. 이것으로 사 면체와 구球를 자신의 기하학의 기본 입체로 사용했다. 그리고 그 는 알루미늄으로 만든 경량 주택인 다이맥시온 하우스, 지오데식 돔 등 경량이면서 고성능의 피막으로 덮인 주택이나 파빌리온, 도 시를 감싸는 계획을 발표했다. 다만 이처럼 기둥 없는 건축은 형 태 자체의 논리로만 가능하며, 도시적인 제약이 없는 곳에서만 풍 경을 만들어낼 수 있다.

또 그는 제2차 세계대전 중에 다이맥시온 개발 단위Dyma-xion Deployment Unit, DDU를 개발했다. 이는 대량생산되는 곡물저장 고를 전용해 만든 주택으로, 전시戰時에는 긴급 주거로 사용되었 다. 전쟁이 끝난 뒤에는 전시 중의 항공기 산업 기술을 전환한 주 택 산업을 제안하고, 항공기 기술을 응용한 조립식 주거 단위인 다이맥시온 거주 장치Dymaxion 'Wichita' House를 개발했다. 이 주택은 처음으로 에너지 기술을 받아들인 것이며, 지속 가능한 디자인을 개척한 것으로 중요한 주택이다.

지구환경을 상대로 한 건축

풀러는 지름이 1,600미터가 넘는 클라우드 나인Cloud Nine이라는 거대한 구체를 험준한 산의 상공에 띄워놓은 공중 부유 도시를 그린 드로잉을 보여주었다. 인공적으로 제어되는 환경 안에서 사 람들의 생활이 가능하고, 토지 개발 등으로 지구의 자산이 파괴 되는 것을 막으려면, 구형도시球形都市를 만들어 지상의 생활권에서 벗어나 노마드nomad, 유목민처럼 대기 속을 이동하며 생활하게 해야 한다는 것이었다. 이것은 당시로써는 몽상적인 것이었으나 오늘날에는 이론적으로는 실현 가능한 것으로 알려져 있다.

풀러의 생각을 이어받아 영국의 건축가 니콜라스 그림쇼 Nicholas Grimshaw가 설계한 2001년 '에덴 프로젝트Eden Project'라는 계획에서는 투명한 막을 외피로 하는 돔의 내부에 온습도나 공조 등의 기후제어 장치를 넣고, 각 부재의 리사이클도 가능한 지속 가능한 거주 환경 시스템이 제안되었다. 돔 구조와 조합된 환경제 어 사상이 주택에서 도시로, 그리고 지구환경 전체에 걸치게 되었 다. '우주선 지구호Spaceship EARTH' 계획[68]은 정밀하게 설계된 거대 기계인 지구와 그 생태적인 시스템을 풀러의 독자적인 테크놀로 지 사상에 통합한 것이다. '우주선 지구호'라는 말은 원래는 풀러 가 제창한 생각으로, 범지구적 시선에서 바라보는 가치를 설명하 고 있다. 이것은 '환경의 세기'라 불리는 오늘날의 조류를 앞서 보 여주었다.

풀러가 보여준 바와 같이 1960년대가 되면 기술이 인공 환경의 제어라는 새로운 측면을 표출하기 시작한다. 건축역사 가 밴험과 프랑수아 달레그레Francois Dallegret가 발표한 '환경 거품 Environment Bubble'이라는 아이디어는 이중 구조의 투명한 피막으 로 덮인 거대한 비눗방울과 같은 구체의 돔 모양 장치다. 그 안에 는 공조 기계로 실내기후가 완전히 제어되며 외기의 영향을 받지 않는다. 옷을 입을 필요도 없어서 드로잉에는 벌거벗은 사람들밴 험이 여러 명으로 나타나 있다이 '거주단위 가동 표준Transportable Standard of Living Package'이라는 정보통신 기기를 둘러싸고 앉아 있는 모습이 그려져 있다. 그리고 이 그림은 밴험의 에세이 「가정은 주택이 아 니다A Home is not a House」에 들어 있다. 아키그램의 작품을 보는 듯 한데, 실제 기술을 다루는 풀러의 제안이 서서히 변하여 주택이 라는 건물에 가족이 얽매이지 않고 공동체의 해체까지도 예견하 는 단계에 와 있음을 알 수 있다.

기술의 현대성

풀러는 이러한 피막의 고성능화, 다기능화에 대한 운동을 '에피멀 럴리제이션ephemeralization'이라 불렀다. 에피머럴ephemeral이란 '수명이 짧은, 단명한'이라는 뜻인데, 이는 작은 것에서 더욱 큰 것을 집적해가면 하나의 기능이 다른 기능에 통합됨을 말한다. 그 결과 마지막에는 거미줄처럼 섬세하면서도 강철처럼 강인한 기능을 가진 돔이 이제까지의 건축, 건설, 미학으로 분리되어 있던 분화가 바뀌는 현상이 일어난다는 것이다. 기술혁신으로 기능을 집적하고 경량화하여 최종적으로 기술과 기능과 표현을 일체화한다. 이런 기술을 추구하면 그것에 의한 기능과 표현이 따로 만들어질 수 있다는 주장이다.

풀러의 생각은 기본적으로는 기술의 발전이 건축을 바꾼다는 모더니즘의 교의를 극한까지 추진해보였다. 그리고 기술을 묻지 않고 고전적 건축 개념에 이끌리던 모더니즘 디자인에 대해 건축가는 대부분 조각가에 지나지 않는다고 강하게 비판했다. 그는 표현의 자립성을 인정하지 않았으므로, 건축가들은 이와 같은 풀러의 생각을 거의 받아들이지 않았다. 기술적인 비전은 있지만 역사와 생활을 고려하지 않아 풀러의 프로젝트에는 문화가 없다는 비판도 많았다. 또 다이맥시온 하우스처럼 풀러의 건축은 외벽을 경계로 철저하게 기술이 시스템적으로 집약되어 안쪽으로만 완결되어 있었다.

그럼에도 근대 이후 싸고 질이 좋은 주택을 공급한다는 꿈은 평범하고 질이 나쁜 주택 메이커가 지배하는 시장으로 넘겨져버렸다. 사회는 건축만의 나이브한 기술을 반영해줄 정도로 단순하지 않다. 기술이라는 관점에서 풀러의 이상의 본질과 현대성을 바라보는 것은 중요하지만, 과연 건축에서 다루는 기술이란 어디를 지향하는 것인지를 비판적으로 다시 읽어내지 않으면 안 된다.

공업 제품과 임스 주택
공업 제품 주택

근대의 기술은 공업 제품과 공업 규격품을 만들었다. 이것은 일상용품에서 내부 공간, 건축 그리고 도시에 이르는 모든 생활에 깊이 들어왔다. 그리고 예술의 개념도 바뀌었다. 예술상의 개념으로 레디메이드ready-made는 기성 공업 제품에서 그것이 본래 가지고 있는 도구적 기능이나 목적을 박탈하고 예술적 가치를 부여한 것이다. 1915년 다다이스트인 마르셀 뒤샹Marcel Duchamp이 공업 제품인 변기를 전시해놓고 〈샘Fontaine〉이라고 이름 지었다. 예술은 장인과 같은 수작업으로 제작해가는 과정을 거친 것으로 이 세상에 하나밖에 없다. 그런데 뒤샹은 예술 작품에 공업 제품을 그대로 사용했을 뿐 아니라 예술 작품은 수작업에 의한 것이라는 고정관념을 부정하고 작품은 하나밖에 없다는 개념도 부정했다.

이것은 인간이 만든 것이나 기계가 만든 것이 결정적으로 차이가 없다는 말이다. 예술이란 작품을 낳아주는 어머니가 아니며, 작품은 단지 작가가 선택한 것에 지나지 않는다. 뒤샹의 〈심지어, 그녀의 독신자들에 의해 발가벗겨진 신부The Bride Stripped Bare by Her Bachelors, Even〉, 줄여서 속칭 〈큰 유리The Large Class〉라고 불리는 작품은 사람의 기관을 기계도機械圖로 그리고, 이를 어셈블리지assemblage, 곧 폐품이나 일용품을 비롯하여 여러 물체를 한데 모아 만든 것이다.

그러면 이런 생각을 주택에 적용하면 어떤 것이 될까? 이 세상에는 그야말로 무수한 주택에서 사람들이 살고 있다. 그러면 이 주택은 모두 건축가가 설계한 것인가? 흔히 주택을 설계한다고 하면 일품 생산품인 주택을 떠올린다. 건축 잡지에 실린 건축가의 주택 작품은 사람이 살아야 할 주택의 극히 일부에 지나지 않으며 그 수많은 주택에 주는 영향력도 실은 미비하다. 그렇다면 건축가가 많은 주택에 관여하는 방법 중 하나는 대량생산 주택을 설계하거나, 또는 좋은 의미에서 '베낄 수 있는' '복제할 수 있는' '응용 가능한 프로토타입'이 될 주택을 설계하는 것이다.

미스 반 데어 로에의 '판즈워스 주택'은 명작이라서 많이 거론되지만, 실제로 그 집에 살 의향이 있는 사람은 거의 없을 것이다. 그렇다면 두루두루 많은 사람이 살고 싶어 하고, 살 만하다고 여기는 영향력 있는 주택을 구상하는 것이 필요하다. 20세기 전반에는 간단한 시스템으로 주택을 대량 공급하고자 했다. 그러나 그것은 싸고 간편한 것에 국한되어 있었다.

임스 주택

기성의 공업 제품은 건축에 어떤 영향을 미쳤을까? 그중에서 가장 의미 있는 영향을 미친 것은 '케이스 스터디 하우스Case Study House, CSH'다. '케이스 스터디 하우스'란 건축 잡지가 기획한 근대적 구법과 근대적 생활양식에 대응하도록 적은 공사비로 계획한 서른여섯 개의 실험 주택이다. '케이스 스터디 하우스'란 부유하고 관능적인 공간으로 '모던 리빙modern living'이라는 이미지를 드러낸 주택인데, 잡지 《예술과 건축Arts & Architecture》이 기획하여 1945년에서 1966년까지 진행한 주택 프로그램이다. 이 주택들은 근대건축의 조형 원리를 적용하면서 캘리포니아 풍토에도 맞고, 핵가족이라는 가족 단위의 생활을 하면서 옥외 생활도 즐기고, 이를 위한 수단으로 공업화 제품, 공업 재료로 지어진 일련의 주택을 일컫는다. 이는 프로토타입을 목표로 한 주택이지만, 이 주택들은 표준화, 규격화, 공업화에 의해 경직된 주택과는 전혀 다르게 생활의 즐거움이 있고, 건축가의 '작품'과는 다른 보편적인 인상을 가지고 있어서 세계적으로 이것을 좋게 받아들였다.

대표적인 주택은 찰스와 레이 임스Charles and Ray Eames 부부의 케이스 스터디 하우스 8번 주택Case Study House No. 8이다. 이것은 공업화 건축 모델의 하나로 여겨지는 주택이다. 건축이란 크든 작든 '세계'를 구축하는 행위이고, 주위에 홀로 우뚝 서는 독자의 존재를 만들려고 하기 쉽다. 임스 주택은 미스의 주택을 연상시킨다. 그러나 실제로 지어진 임스 주택은 약간 높은 곳에 있으며, 주거와 스튜디오로 나뉜 두 개의 육면체와 그 사이에 중정이 있고, 주위 나무들의 실루엣을 비추고 있다. 그리고 무엇보다 대량생산하는 공업 제품을 조합한 창고 같은 인상을 준다.

이 주택에서 사용된 재료는 철골 프레임을 비롯하여 당시 건축 재료 카탈로그에서 선택된 기성의 공업 제품만 사용했다. 최소한의 재료로 최대한의 공간을 덮기 위해 경량화한 철골 프레임을 사용했다. 그러나 판즈워스 주택의 고전적이며 중후한 철골 프레임과는 대조적이다. 바깥에 두른 4인치 각의 H형강, 보 방향으로 걸린 12인치 철제 트러스, 지붕이나 2층 바닥의 덱, 턴버클turnbuckle로 구성되는 내풍耐風 브레이스, 규격품인 검은 스틸 새시, 투명·반투명의 유리, 빨간색이나 파란색 패널, 시멘트 보드, 아스베스트asbeste, 목재 패널 등 다양한 공업 재료로 풍부한 표정의 파사드와 내부 공간을 만들었다. 적은 경비와 짧은 공기로 철골에서 내장재에 이르는 모든 부재는 미국에서 유통 중인 기성 제품을 활용했다. 그들은 단축된 공기와 로코스트low-cost로 공업화 시대에 쾌적하고 아름다운 주택을 만들 수 있음을 보여주었다.

임스 부부는 제품 디자이너product designer였다. 그들은 인간공학 등으로 기능성을 추구하며, FRPFiber Reinforced Plastics나 곡면 합판 등의 소재를 대담하게 사용하여 합리적이면서도 다소 호화로운 가구를 디자인했다. 본래 그들의 가구는 가정용이 아니라 오피스나 학교 등에서 사용되는 업무용 가구였다. 1950-1960년대의 건축가들은 '모던 리빙'을 구현하는 데 임스의 가구가 없어서 안 될 정도로, 모두 임스의 가구를 주택에 가지고 들어와 '모던 리빙'을 연출했다. 따라서 임스 주택은 아틀리에와 같은 것, 가구와 같은 것으로 계획되었다. 철골구조이면서도 작은 철재를 사용하여 큰 공간을 덮을 수 있는 덱 플레이트deck plate를 노출하고, 큰 유리창을 사용하지 않고 작게 새시로 창을 나누었다.

이 주택은 모더니즘이 디자인하듯이 재료를 단순 명쾌하게 사용하지 않고, 기성 제품이나 흔한 재료를 다양하게 적소에 사용했다. 케이스 스터디 하우스의 프로그램에 관여했던 건축가 윌리엄 워스터William Wurster는 "합판은 플라스터Plaster보다 비싸지만 저렴해 보이기 때문에 좋아한다."고 말한 바 있다. 합판은 당시로서는 새로운 공업 제품이었다. 이 말이 기성의 공업 제품을 사용하여 "비싸지만 저렴해 보이는" '케이스 스터디 하우스'의 전체적인 재료 감각이며, 대량생산되는 재료에서 얻는 일반적인 느낌과 가치를 가리킨다. 미스의 철골구조는 고가이며 비싸게 보이지만, 임스 주택의 덱 플레이트와 기성 트러스 제품은 철제 구조물이지만 누구나 마음만 먹으면 '모던 리빙' 주택을 간단하게 지을 수 있다는 감각을 준다.

임스 주택에서는 카탈로그에서 부품으로 고른 기성 제품을 조합하여 설계했다는 것이 아주 중요하다. '조합했다' '어셈블assemble했다'는 뒤샹의 어셈블리지처럼 기성의 공업 제품을 편집하여 설계했다는 뜻이다. 임스 주택의 도판에는 부품 카탈로그와 건물을 일부러 대응해서 소개하고 있다. 그러나 이것은 이전에는 없던 전혀 새로운 설계 방식이었다. 이런 관점에서 보면 공업 제품 카탈로그는 눈에 보이지 않는 부품 수납 창고이며, 카탈로그에서 편집한 부품은 언제라도 분해될 수 있고 다시 유통된다. 다만 임스 주택은 부품이 볼트로 결합되어 있지 않고 전부 용접되어 있다.

소비자에게 주택 카탈로그가 일반적으로 보급되기 시작한 것은 19세기 말 미국의 '메일오더 하우스Mail-order House'다. 백화점이나 체인점과 함께 통신판매 주택은 19세기 후반의 소매업 중에서 가장 중요한 혁신이었다. 우선 '플랜 북Plan book'이라 불리는 책이 소비자에게 보내진다. 거주자는 거기에서 예산이나 마음에 맞는 설계 예를 골라 거기에 기록된 필요한 금액을 통신판매 회사로 보내면 주택의 부품이 철도로 운반되어 오는 시스템이었다. 통신판매 주택은 본질적으로 그 범위와 의의에서 미국의 독특한 현상이었다. 분명히 미국인의 대부분은 1920년대까지 농촌에 살고 있었으므로 많은 사람들이 통신판매 카탈로그나 '희망서wish book'라는 매체를 통해 새로운 소비자 문화를 체험했다.

임스 주택에는 1950년대에 테크놀로지를 꿈꾸던 건축가의 모습이 나타나 있다. 콜린 로의 말을 빌린다면 모더니즘 디자인은

'관념으로서의 재료와 부품'이지만, 임스 주택에서는 그것이 공업화되고 일반적으로 보급된 '사실로서의 재료와 부품'이었다. 임스 주택을 비롯한 '케이스 스터디 하우스'의 디자인은 철골 건축의 보급, 건축 생산의 공업화와 시스템화에 크게 기여했으며 현대의 이른바 '인더스트리얼 버내큘러'라고 부르는 건축물에도 크게 영향을 미치고 있다. 기성 공업 제품을 조합해서 만든 임스 주택의 방법은, 철로를 다시 사용한다든지 가설재를 사용하여 최저가 건축가로 유명한 크레이그 엘우드Craig Ellwood로 이어지면서 서해안 일대의 공장이나 오피스 건축의 프로토타입이 되었다.

공업화와 대량생산
대량생산의 기술과 건축

근대주의 건축과 근대건축이 의미하는 바는 다르다. 근대주의 modernism 건축은 코르뷔지에의 사상이나 필립 존슨Philip Johnson 의 국제 양식 건축 등을 중심으로 근대성modernity을 해석한 건축이다. 이것은 대량생산을 위한 상자 모양의 건축이라든지 창이 큰 건강한 주택, 차를 타고 다니는 사회에 대응하는 형태 등을 실현한 건축이다. 그러나 근대건축이란 근대라는 시기에 지어진 건축을 말한다. 건축의 공업화라든지 공간이 균질한 오피스 빌딩 등 건축가의 작품이 아니라, 주로 보편적이고 무개성적이며 대량생산의 시스템에 결부된 건축물들을 폭넓게 가리킨다.

20세기 초에 근대건축운동 또는 근대주의 건축이 시작했을 때, 19세기의 엔지니어들은 철과 콘크리트나 공업 재료를 이미 잘 사용하고 있었으므로 근대건축운동의 주요 건축물은 철과 콘크리트를 당연하게 여겼다. 다만 근대건축가들은 당시의 엔지니어와 달리 대중을 위해서 새로운 재료를 사용한다고 말했다. 공업 기술은 이런 측면에서 의미가 있었다.

건축가는 본래 건축주가 부탁한 주택조차도 기념비처럼 짓고자 한 사람들이었다. 그러한 건축가가 근대건축운동에서는 대중을 위한 건축, 대중의 주택을 중요한 설계 대상으로 삼았다. 그러나 불특정 다수의 대중을 위해서는 양적 확대가 필수적인 과제였다. 그래서 근대건축운동의 건축가들은 새로운 양산 기술을 건축 모델로 삼았으며, 기술 파트너와 함께 실천하며 건축가라는 건축가의 직능이 확대될 것으로 믿었다.

그 때문에 공업 제품은 건축가들의 아이콘icon이 되었는데, 그중에서도 가장 선호한 것은 대량생산되는 자동차였다. 자동차가 달리기 위한 기계였듯이, 주택은 살기 위한 기계였다. 그러려면 '모델'이 필요했는데 근대주의 건축가들은 이런 모델을 만드는 것이 자기의 임무이자 역할이라고 생각했다. 그래서 레이너 밴험이 입체파의 미학에 바탕을 둔 당시의 건축설계를 공업 기술과는 전혀 관계가 없다고 주장했지만, 건축가들은 공업 생산을 전제로 주택 설계에 열심이었다.

코르뷔지에가 "대량생산에는 규격이 필요하다. 규격은 완전한 아름다움으로 이끈다."[69]라고 말했지만, 규격이 있고 이에 맞추어 생산된다고 다 이루어지는 것은 아니다. 대량생산에는 대량판매 시스템, 대량판매 조직이 있어야 한다. 유럽의 근대건축운동 건축가들은 공업 생산의 중요성은 알았지만 판매 조직을 알지 못했기 때문에, 그들은 대량생산의 문제를 규격으로 단순화하고 형태의 문제로 국한시켰으며 대량생산 기술의 본질을 이해하지 못했다.

실제로 건축 생산은 전력이나 설비 기기, 가공하기 이전의 재료 등을 사용하지만, 다른 공업과 비교할 때 공업화와 대량생산에서 얻은 이득은 적다. 건축에서 사용하는 재료, 부재, 부품의 대부분은 수주 생산이지 예상하여 생산한 것이 아니다. 건축물은 슈퍼마켓에서 산 상품처럼 어느 정도 팔릴 것인지 예상하며 생산 계획을 세우고 제조되어 시장가격으로 거래되는 것이 아니다. 건물 한 동을 만드는 데 들어가는 자재를 보관해두려면 건물 한 동보다 넓은 토지가 있어야 한다. 다른 산업과 비교해 재고가 생길 때 오는 위험도 아주 막대하다. 그런 까닭에 근대를 지나 오늘날에도 건축은 대부분 수주한 생산품을 수작업으로 조립하고 합치는 생산 방식을 고수하고 있다.

개개의 요구를 만족시키는 대량생산

공업 기술은 같은 제품을 반복해서 제조하는 것이다. 따라서 제품은 익명적이고 대량생산된다. 다이맥시온 하우스를 구상한 풀러는 공업 제품과 완전히 똑같은 방식으로 주택을 대량생산하고자 했다. 그러나 건축은 익명적으로 똑같이 생산될 수 없으므로 양산 기술로 건물을 개별적으로 어떻게 만들어내는지가 과제가 된다. 건축 생산의 공업화도 이론적으로는 건축물을 공장에서 생산하려는 것이고, 모빌 홈mobile home처럼 공장 안에서 대부분 완성되어야 한다.

그러나 건물 전체를 공장에서 완성할 수는 없다. 규모가 큰 건물은 공장 안에서 완성했다고 해도 목적지에 운반하는 것이 불가능하다. 건축물의 부분을 부품으로 공장 생산하고 그것을 건축 현장에서 조립할 수는 있다. 따라서 건축에서의 공업화란 자동차와 같은 다른 공업 제품과 달리 어디까지나 반半완성품이다.

문제는 기술의 양산성量産性과 건축의 개별성個別性을 모두 어떻게 만족시키는가에 있다. 양산성과 개별성을 동시에 만족시키려면 건물 전체를 명확한 서브 시스템sub system으로 분할하고, 전체 목표와 관계있는 것으로 한정하여 설계해야 한다. 이전의 시스템 개발에는 건물 전체가 공업 생산의 대상이 되었으나, 영국에서 개발된 학교 건축 시스템으로 가장 성공한 CLASPConsortium of Local Authorities Special Programme[70]의 오픈 시스템, 뒤이어 미국에서 일어난 학교 건축 시스템인 SCSDSchool Construction Systems Development에서는 구조, 천장, 조명, 공조, 칸막이 등 네 가지 서브 시스템만이 개발되고 그 이외의 부위는 개별 설계했다.

건축에서는 공업화와 대량생산에 단서가 붙는다. 하나는 생산의 반복인 대량생산을 만족하는 것과 다른 하나는 개개의 요구를 만족시키는 것이다. 에즈라 에렌크란츠Ezra Ehrenkrantz가 설계한 스탠퍼드대학교Stanford University 캠퍼스에 건설된 학교 건축의 프로토타입 SCSD이었다. 정사각형 격자에 균등하게 배열된 철골 기둥, 평탄한 철골 트러스와 라티스 트러스lattice truss, 그 밑에 모듈로 조정된 각종 외벽과 칸막이 패널, 천장 시스템 등은 적은 공사비로 합리적인 시스템 어프로치system approach를 한 설계 방식이었다. 이는 크게 성공해 미국과 유럽의 시스템 건축에 큰 영향을 주었다. 시스템 건축이란 공업 생산된 부품을 체계적으로 조립해 짓는 건축을 말한다. 공업화와 시스템화는 상품화 주택을 만든 배경이 되었으며, 다른 한편으로는 하이테크 건축의 배경이 되었다.

건축설계와 부품 카탈로그

카탈로그란 구조재, 고정 볼트, 벽지나 타일 등의 마감재, 공조 기기 등의 전기 제품 등을 포함하여 건축물을 구성하는 건축 자재와 부품을 메이커가 소개할 목적으로 발행하는 상품 리스트를 말한다. 심지어 주택 자체가 하나의 상품으로 판매되기도 한다. 그런데 건축과 기술을 말하면서 자재나 부품 카탈로그를 언급하면 왠지 지엽적인 설명처럼 들릴 것이다.

그러나 지금 건축사 사무소의 설계에서는 수많은 재료와 부품을 카탈로그를 보고 선정한다. 그런 탓에 부품 카탈로그는 과거보다 쪽수가 열 배나 스무 배로 두꺼워졌다. 이처럼 설계와 카탈로그의 관계는 전혀 이상한 것도 아니며, 건축설계와 시공에 기술이 관여하는 중요한 방식임을 의식적으로 받아들여야 한다.

건축설계는 공업화된 재료나 부품에 매우 많은 것을 의존하며 이를 카탈로그에서 선택하여 사용하고 있다. 카탈로그의 부품은 건축가의 가치관과 아무런 관계가 없으며, 어디까지나 적극적인 선택의 대상일 뿐이다. 카탈로그는 건물을 구성하는 다양한 재료 등을 소개하고, 사용하는 부위, 기능, 소재별로 분류하여 목적에 맞는 재료를 연구할 수 있게 검색해준다. 지붕, 벽, 바닥, 천장 등의 구조재는 물론이고 새시, 부엌, 욕실, 단열이나 차열 성능을 가진 재료 또는 내장재, 외장재 등의 마감 재료까지 다양한 건축 재료를 비교하여 검토한다. 지붕, 외벽, 내장 등까지 건물의 부위에 따라 일정하게 반복되어 나타나며, 같은 건물 유형이라면 보통 유사한 부위가 많다.

건축의 공업화는 부품이라는 레벨에서는 통상의 공업 제품과 제조 방식이 같을 수 있다. 그러나 건축 부품을 완성품 재고로 가지고 있는 부품 자재 회사는 없다. 그런데도 충분히 다양한 양산 부품과 재료를 조합하여 다양한 건축물을 만들어낼 수 있으려면, 부품 생산기술은 개별성에 대응할 수 있게 유연성을 가져야 한다. 또한 부품의 다품종 소량생산으로 설계자의 가치관과 수작업의 또 다른 기술과 연결되어야 한다. 이론적으로는 공업화, 대량생산하려면 이와 같은 서브 시스템이나 부품 생산이 적극적으로 해결되어야 한다.

미스는 이렇게 말한 바 있다. "건설 과정의 공업화는 재료의 문제다. 따라서 우리는 제일 먼저 새로운 건축 재료를 발견해야 한다. 우리 기술은 공업적으로 제조하고 가공할 수 있다. 또 내후성과 차음성과 단열성이 좋은 재료를 발명해야 하며 또 발명할 것이다. 단지 '공업 생산할 수 있다.'가 아니라, '공업 생산할 수 있게 된 경량 재료가 있어야 한다.'는 것이다. 모든 부품은 공장에서 만들어지고, 현장 작업은 아주 간단히 조립만 하면 될 것이다. 이렇게 하면 건축비를 대폭 줄인다. 그러면 새로운 건축은 그 자체의 특성을 갖게 되고 옛날부터 내려온 건설 방법이 사라질 것으로 확신한다."[71]

건재와 산업과 기술
건재는 공업

물적인 관계로만 보면 건축설계는 기술과 관련하여 많은 부분이 공업 제품을 조립하고 배열하는 데 관계한다. 그런데 산업구조에서 보면 건축설계는 이런 기술과 다소 거리가 멀다. 어떻게 멀까? 다음은 건축과 기술, 기술에 대한 건축의 위치 등을 이해하는 데 아주 중요하다.

먼저 건재建材란 '건축 용재建築用材, 건축에 쓰는 여러 가지 재료'를 줄여 이르는 말이다. 건축 재료는 그야말로 건축물을 세우기 위해 사용되는 모든 재료다. 건축 재료나 건재는 같은 말이다. 공업

industry은 원재료를 가공하여 제품을 만드는 것이다. 따라서 건재 또는 건축 재료는 공업에 속한다. 그러므로 '건축공업화'란 건재화建材化와 같은 말이 된다.

주택에서 알루미늄 새시는 아무것도 아닌 듯이 보인다. 그러나 목재 창틀을 쓰던 과거의 주택에 철 새시가 들어오고, 그다음에 알루미늄 새시가 사용됨으로써 방풍·단열, 물 끊기 효과가 좋아졌고, 색깔과 창의 종류가 증가했다. 이를 위해 알루미늄 새시, 하이 새시, 하이테크 새시, 시스템 새시 등 밀폐가 완벽한 새시로 개발되었다. 싼값으로 널리 보급된 덕분에 프라이버시를 확보할 수 있고 생산성을 올릴 수 있었다. 다소 과장된 표현이나 건축 자재 하나의 획기적인 기술 개발이 일반적인 건축물을 광범위하게 규정한다. 건축의 기술이 현실적인 기술이 되려면, 근대건축처럼 기술을 형이상학적이고 관념적이며 미학적으로 대할 것이 아니라, 기술을 건축 재료 또는 건재라는 측면에서도 진지하게 살펴보아야 한다.

건설업, 제2차 산업

산업industry이란 사람들이 생활하는 데 필요하다고 여기는 것을 만들어내거나 제공하는 경제활동을 말한다. 산업은 사회적인 분업으로 행해지는 제품, 서비스의 생산과 분배에 관한 모든 활동을 의미한다. 산업은 제1차 산업농업, 어업, 임업 등 자연에 작용하여 채취하는 산업, 제2차 산업원재료를 가공하여 제품을 만드는 공업이나 건설업 등의 산업, 제3차 산업제품을 판매하거나 유형·무형의 서비스를 제공하는 산업 등 세 가지로 분류된다. 건축설계는 제3차 산업이며, 건설업을 하는 시공회사는 제2차 산업에 속한다.

그런데 공업은 광업이나 건설업과 함께 제2차산업에 속하지만, 집을 짓는 건설업은 공장 생산을 하지 않는다는 점에서 공업제조업과는 구별된다. 공업은 자연 원료에 사람이나 기계의 힘으로 상품 가치가 있는 생산물을 제조하는 산업이다. 그러나 알루미늄 새시나 창틀 등과 같은 건재는 완전히 공장에서 생산되는 공업 제품이며, 이를 제조하고 판매하는 것은 제조업이다. 건설업은 이런 건축 재료를 모아 집을 세운다. 건설업은 제2차 산업에 속하지만 건축 재료를 생산하는 제조업과는 다르게 분류된다.

설계는 건설용역업

건축설계는 제2차 산업에서도 제외되며 용역으로 인해 제3차 산업에 속한다. 건설산업기본법상 '건설산업'은 건설업과 건설용역업을 합한 것이다. '건설업'은 건설공사를 수행하는 업이고, '건설용역업'은 건설공사에 관한 조사·설계·감리·사업 관리·유지 관리 등 건설공사 관련 용역을 수행하는 업을 말한다. 이때 엔지니어링산업진흥법의 엔지니어링 활동 주체, 건축사법의 건축설계·감리업, 건설기술관리법의 감리전문업 등 세 종류가 건설용역에 속한다. 곧 건설산업기본법으로 건축설계란 건설용역업이며, 더 크게 보면 건설산업에 속한다. 한편 전문, 과학 및 기술서비스업의 대분류에서 건축 기술, 엔지니어링 및 기타 과학기술서비스업의 중분류에 속하고 다시 소분류인 721 건축 기술, 엔지니어링 및 관련 기술서비스업에 들어가는데 소분류에서도 '건축 설계 및 관련 서비스'에 해당한다.

현행법상 건축설계는 제3차 산업에 속하지만 건설산업기본법의 적용을 받는 건설용역이고, 더 크게는 건설산업에 속한다. 그런데 바로 이 건설업은 산업 분류상 제조업工業과 구분되면서도 함께 제2차 산업에 속하는 것이므로, 산업 분류상 제3차 산업이 제2차 산업의 건설업과 구분되지 않는 지점에 있다. 또 건축설계는 그것이 다루는 건축자재 또는 건재가 제2차 사업의 공업에 속한다는 점을 좋게 해석하면 아주 광범위한 산업이다. 그러나 이를 다소 부정적으로 보면 기술을 다루는 데 산업 분류상으로는 기술工業과 먼 곳에 위치하고 있다. 이런 배경에서 건축설계는 공업 제품과 긴밀하게 관계있으면서도 그것과 다르다는 것을 동시에 주장해야 하는 모순이 있다.

지속 가능한 사회와 기술

지속 가능한 사회의 건축

기술은 본래 사물을 만들어내기 위한 것이므로 객관적인 법칙을 좇는다. 그러나 기술은 과학과 달리 그 시대와 사회에 연동하므로 기술은 시대마다 달라진다. 기술은 그것이 사회에 어떻게 대응하는가 하는 인식 위에서 성립한다. 오늘날의 기술은 1960년대, 1970년대의 고도성장기의 기술과 달리 하드한 기술에서 소프트한 기술로 크게 바뀌고 있다. 오늘의 사회는 고도성장 사회에서 성숙화 사회, 정상형 사회로 바뀌었다. 이에 성숙화 사회는 성숙화 사회의 기술을 요구한다.

기술은 도시에 사는 사람들의 관계를 바꾸는 힘이 있다. 고전적인 도시에서 건축은 절대자의 권력을 표현했다. 19세기 산업혁명 이후 메갈로폴리스megalopolis로 변화한 도시는 20세기의 도시상을 나타낸다. 1990년 이후에는 IT 혁명에 따라 본격적으로 '의지를 가진 개인'이 글로벌하게 모이고 흩어지는 현상이 나타나자 도시가 다른 방식으로 형성되기 시작했다. 21세기의 도시에서는 공간이 네트워크로 나타나고 있다. 이것은 모두 건축을 둘러싼 기술의 영향 때문이다. 이렇듯 기술은 근대건축처럼 미학으로 치환되지 않으며 도시와 건축이 형성되는 방식을 바꾸기까지 한다.

21세기는 과거 시장경제, 산업화 시대를 넘고, 정보화 시대를 거쳐, 시간을 중시하는 지속 가능한 사회로 바뀌고 있다. 20세기 자산이 하드웨어였다면, 21세기에는 적절한 소프트웨어와 노하우로 사회를 건전하게 운영하는 프로세스를 중요하게 여긴다. 지속 가능한 사회란 어떤 것인가? 그것은 환경을 쉽게 바꾸지 않는 사회, 성장을 위해 쉽게 불변의 가치를 내놓으려 하지 않는 사회, 기술을 낱개로 보지 않고 서로 엮인 것으로 보고자 하는 사회, 무엇보다도 사람의 가치를 향해 모든 것을 수렴하고자 하는 사회를 말한다. 지속 가능한 사회는 생산을 순환시키고, 소비를 줄이며, 시설의 수명을 늘리고, 지역 간의 배분을 적정하게 한다.

지속 가능한 사회는 미국 환경운동가 레스터 브라운Lester Brown
의 말처럼 "이 환경은 조상에게서 받은 유산이 아니라, 미래에 살
게 될 아이들에게서 빌린 것"이라는 관점에 선 사회다. 지속 가능
한 건축은 건축이야말로 지속 가능한 것이 아니다. 지속 가능한
사회를 위한 건축이야말로 지속 가능한 건축이다. 따라서 건물은
더 이상 건물로만 끝나지 않는다. 건물은 도시와 지역과 함께 그
전체가 지구환경의 일부다. 아름다운 도시는 아름다운 건축물이
있는 도시가 아니라, 건강하고 안전하고 편리하며 자연과 공존하
는 도시를 말한다. 그래서 지속 가능한 사회에서는 '여기는 건축
이고 저기는 도시와 조경'이라고 구분하지 않으며, 그렇게 구분되
지도 않는다. 또한 '이것은 기술이고 저것은 건축'이라고 따로 생
각하지 못한다. 건축은 기술과 통합되어 나타나며, 인간의 생활을
그대로 표현해내고자 하고, 지역사회에 충실하고자 한다.

　　그런데 현실은 이와 다르다. 오늘 우리의 건축과 도시는 하
천을 복개하고, 녹지를 줄이며, 땅을 아스팔트와 콘크리트로 덮
고, 거대한 건축물을 건설하고, 그 안에서 막대한 양의 에너지를
소비하며, 열기를 배출해왔다. 현재의 우리 도시는 경제 발전을
우선으로 여기는 도시 정책으로 관리되어 왔으며, 토지를 소유하
는 권리와 이용을 지나치게 사유화하여 생각해 왔다. 또한 건축
물의 이익을 우선함으로써 공공 공간은 빈약해져 있고, 녹지가
네트워크를 이루지 못하고 있다. 건축물은 낱개로 지어져서 도시
전체의 환경을 유지하고 보전하는 것에는 무관심한 건축물을 양
산해왔다. 도시를 만드는 전문 영역인 건축, 도시계획, 토목, 조경
등이 지나치게 전문화되어 이를 통합적으로 충분히 운용하지 못
해왔다. 넓은 의미에서 도시 안의 건축물과 자연은 도시에 사는
모든 사람들의 자산이고 스톡인데도 이에 대한 계획과 관리를 방
치하고 있다.

　　흔히 건축하는 사람은 자신이 환경을 가꾸고 더 좋은 환경
을 위해 노력하는 전문가라고 자처한다. 그러나 지속 가능한 사회
라는 관점에서 보면, 건축은 환경을 파괴하는 주범이고, 각종 에

너지를 대량으로 소비하는 가장 큰 요인의 하나다. 건축물은 아름다운 그릇이 아니다. 그것은 밖의 기상 조건이나 외적으로부터 사람들의 생활을 지키는 그릇이다. 건물을 안과 밖으로 나누는 그릇이며, 생활을 한층 쾌적하게 하기 위해 편리한 기계나 도구로 밖에서 얻은 에너지를 소비하고, 더러워진 물이나 공기를 배출함으로써 외부 환경에 적지 않은 영향을 미치는 그릇이다.

그뿐인가? 건물은 에너지나 물을 대량으로 소비하고, 대량의 쓰레기를 배출하는 말단 기기다. 건물은 좋은 의미든 나쁜 의미든 밖의 환경과 안에 있는 사람을 이어주는 그릇이다. 예를 들어 에너지는 물건의 생산이나 사람 또는 물건을 운반하는 에너지를 제외하고는 모두 건축이라는 그릇 안에서 소비된다. 건축이 최종 에너지 소비의 4분의 1이며, 가정의 에너지 소비 중 냉난방에 의한 소비는 2분의 1, 급탕에 의한 소비는 3분의 1이다. 그러니 건물은 쾌적한 실내 환경을 위해 외부 환경을 먹고 있는 그릇이다. OECD 국가의 에너지 총량의 약 30퍼센트가 건축 부문 등에서 소비되고 있다는 것은, 건축이 환경문제에 얼마다 중요한 책임이 있는지 말해준다.

또한 경제 시스템이 진화하면서 사람들의 수요는 포화되어가고 인구도 감소하고 있어서 예전과 달리 신축 건물은 크게 감소할 것이다. 그러므로 새로운 건축물이 계속 지어질 것이라는 낙관적인 생각에서 벗어나, 이미 지어진 건물을 유지하고 관리하는 것을 중요하게 여기지 않으면 안 된다. 신축보다는 장수명화에 따른 기존 건축물의 재활용, 재생, 전용 등이 중요한 과제로 등장할 것이다. 건축은 대부분 30-40년 만에 다시 지어지고 있어, 짧은 건축물의 수명도 최종적으로 지구온난화의 주된 원인이다. 그렇기 때문에 100년을 사용할 장수명의 구조와 재료, 완성된 뒤에도 계속하여 적정하게 유지 관리되는 건축설계, 건설 산업과 기술 등이 법 제도와 함께 실천되어야 한다.

지속 가능한 건축의 시간은 순환적이다. 생명체가 태어나서 성장하고 죽는 것처럼, 건축도 기획, 설계, 건설, 이용 및 유지, 재

생, 폐기라는 순환 관계로 파악해야 한다. 이것은 단지 에너지 절
감 등을 위한 라이프 사이클만이 아니라 일상적인 생활과 지역
커뮤니티와 직접 관련되는 건축물의 운용, 개수, 증축, 전용 계획,
시공하는 시스템의 순환을 말한다.

지속 가능한 설계의 과제

지속 가능한 사회에는 이전과 다른 이러한 개념의 커다란 변화가
있다. 지속 가능한 사회에는 전체주의로부터 자기주의自己主義와
지구환경주의로 바뀌고 있다. 중후장대重厚長大한 사회에서 경박단
소輕薄短小의 인간적인 스케일에 근거한 사회로 바뀌고 있다. 육중
하고 거대한 가치 기준이 가볍지만 친숙한 인간적인 가치로 바뀌
어가는 것이다. 석탄이나 석유 등 화석·고갈형 에너지를 소비하던
사회에서 태양, 지열, 수소, 알코올 등의 자연·순환형 에너지를 사
용하는 사회로 바뀌고 있다.

　　또한 이전에는 신축·개축하거나 대량으로 폐기하던 소비형
건설 사회였다면, 이제는 한 번 쓴 물건은 버리지 않고 다음에 또
이용하며 순환 재활용하고 보전하는 개수형 사회로 바뀌고 있다.
패키지를 교체하는 하이테크 사회부터 인간의 지혜를 사용하여
수리하고 보수하는 로테크 사회로 바뀌고 있다. 효율성과 고속 대
량 운송을 중시하는 스피드 사회로부터 슬로라이프 사회로 바뀌
고 있다. 위계 관계에도 큰 변화가 일어나고 있다. 수직사고 사회로
부터 수평사고 사회로 바뀌고 있다.

　　21세기의 건축 과제는 크게 IT와 건축의 관계, 고령화사회의
건축, 지속 가능한 설계sustainable design다. 그만큼 지속 가능한 사회
에 대응하는 지속 가능한 건축은 앞으로의 건축의 발전 방향을
정할 것이다. 지속 가능한 설계는 어떤 것일까? 먼저 장수명 건축
을 생각해볼 수 있다. 그러나 장수명 건축은 건물의 물리적 측면
에서 본 지속 가능한 건축의 한 가지다.

　　건물에는 물리적 수명, 경제적 수명, 사회적 수명 등 세 가지
수명이 있다. 건물의 물리적 상태가 앞으로 50년 이상 유지된다고

해도, 건물의 경제적 가치가 하락한다면 이 건물의 경제적 수명에는 문제가 있다. 시청사의 문화센터가 새로 지어졌어도, 교통이 불편한 곳에 있어서 시민이 거의 찾지 않는다면 그 건물의 사회적 수명은 아주 짧아진 것이다. 이처럼 지속 가능한 건축은 바라보는 측면이 다각적이다. 건물의 수명은 이 세 가지 수명이 모두 만족될 때 비로소 보장된다. 에너지도 마찬가지다. 고성능의 건축이 에너지를 적게 쓴다는 보증이 없다. 또한 사용자의 생활 방식을 무시한 에너지 절감은 없다. 에너지 절감은 사용하는 사람이 얼마나 에너지 절감에 문제의식을 가지고 있는가와 관련있기 때문이다. 이렇게 생각할 때 지속 가능한 건축의 기술은 기술만으로 해결되지 않고 사회적, 경제적, 문화적인 관점과 넓게 얽히게 된다.

지속 가능한 건축은 자연을 유효하게 활용하고 에너지를 절약하며, 이산화탄소 가스와 오염을 최소화하는 기술을 필요로 한다. 또한 지속 가능한 건축은 지역개발의 사회적 기능을 향상하여 도시와 건축의 시스템을 개편하는 기술도 필요로 하게 될 것이다. 낱개로 떨어진 것을 통합하려는 지속 가능성의 특성상, 건축도 개별 요소의 기술이 아니라 건축의 라이프 사이클을 통한 전체적인 시스템을 가능하게 해주는 기술과 함께 설계될 것이다. 이제 건축설계는 디자인이고, 디자인은 기술과 다른 영역이라는 통념은 사라지게 될 것이다.

지속 가능한 건축은 단지 물리적인 환경을 적절하게 만드는 것만을 말하지 않는다. 탁월한 친환경 건축을 설계하는 리처드 로저스Richard Rogers는 『도시 르네상스Cities for a Small Planet』[72]라는 저서에서 지속 가능한 건축을 다음과 같이 여섯 가지로 설명한다. 우리가 끊임없이 접촉하는 일상적 환경, 점차 제거되는 공공 공간을 풍성하게 하는 것, 건축물 사용자들의 개별 요구를 충족하는 것, 기존 건물의 변화, 구조 시스템, 에너지 절감 건축이다. 에너지 절감은 그가 말하는 여섯 가지 지속 가능한 건축의 한 가지 조건이다. 건축과 도시에서 지속 가능한 설계와 기술이 해야 할 범위는 아주 넓다.

21세기의 기술이 지속 가능성을 위해 중요하게 여기는 것은 지역의 커뮤니티다. 이것은 대단히 중요한 사실이다. 지속 가능한 건축 설계의 주제는 지역이다. 이제 기술은 대도시 중심의 확대 성장이 아니라 지속하는 지역과 사회를 향하게 될 것이다. 우선 거주, 복지, 보건, 의료 등에 관한 지역 시설을 네트워크화해야 한다. 또한 교육, 문화, 정보 시설을 각 지역에 균등하게 설치하며, 어린이를 포함하여 모든 계층의 사람들이 사용할 수 있고, 최종적으로는 여러 사람과 만나고 경험을 나누며 서로를 신뢰하도록 배우는 장소가 점차 더 많이 요구될 것이다.

이로써 지속 가능한 사회는 커뮤니티나 자연과 같이 눈에 보이지 않는 가치를 지향하는 '시간의 소비'를 중시하게 되었다. 예전에는 현재보다 먼 미래를 향해 진보한다고 생각했으나, 이제 현재라는 시간을 더욱 중요하게 여기게 되었다. 정보화사회라고 해서 무엇이든 글로벌global, 지구적인, 보편적인하게 전개될 것처럼 생각하기 쉬우나, 정반대로 이것은 지역, 부분, 신체와 같은 로컬local, 지역적인, 고유한한 방향을 포함하고 있음에 주목해야 한다.

흔히 '환경'이라고 하면 건축물보다 훨씬 넓고 규모가 큰 것을 가리킨다고 생각하지만, 이것은 잘못된 생각이다. 환경은 본래 '몸의 주변'을 뜻한다. 사람은 신체를 가졌고, 이 신체를 통해 물리적인 환경에서 살아가기 때문이다. 건축과 도시는 언제나 인간의 신체에 대한 물리적인 환경이다. 따라서 환경은 사람의 신체를 둘러싸는 작은 환경으로부터 시작한다.

지속 가능한 건축은 건축에서 멈추지 않고 도시를 향한다. 종래의 도시계획은 도시에서 시작하여 건축을 향하였으나, 이제는 건축이 모여 도시를 만드는 또 다른 방향에서 접근하게 될 것이다. 시민의 행위와 지역적 생활은 건축을 통해 구현되며, 분단되고 개별적으로 진행되어온 도시와 건축의 이분법을 벗어나게 될 것이다. 이전과 크게 다른 것은 하천이나 철도, 도로와 같은 토목 구조물을 비롯하여 공공 시설이나 교통 시설 등이 지속되는 환경을 요구하고 있다는 것이다. 앞으로는 역사적 건축물, 산업 유산,

토목 구조물 인프라, 지역 풍경을 지속시키는 설계를 더욱 중요하게 여길 것이다. 이것은 예전과 같은 좁은 의미의 건축설계가 아니라 건축과 도시가 포함된 것이다. 따라서 건축 기술은 이러한 통합적 환경을 만들어가는 일의 중심에 설 것이다.

성숙한 기술

사회도 성숙하지만 기술도 성숙한다. 기술은 발전을 거듭하지만 기술은 성숙하여 발전을 멈추기도 한다. 기술은 사회에서 그 기술의 목적과 쓰임을 더 이상 필요로 하지 않으면 사장되기도 한다. 오늘날 여객기는 거의 성숙 단계에 이르렀고, 초고층 건축의 건설 기술이나 내진 기술도 거의 완성된 상태다. 일반적으로 기술도 이러한데, 이런 기술이 달리 나타날 수밖에 없는 건축에서는 기술에 대한 관점이 달라야 한다. 건축을 만드는 기술 자체가 성숙하지 못했다고 그 건축물의 가치가 아예 없어지는 것이 아니다.

대도시를 높은 데서 내려다보라. 도시를 메우는 건물이 모두 첨단 기술로 지어져 있는가? 몇몇 특정 건물이 첨단 기술로 지어졌다고 해서 모든 건물이 첨단 기술로 지어져야 하는 것은 아니다. 도시의 수많은 건물은 여전히 예전에 구사된 보통 기술로 지어지고 있다. 건축은 사람들의 현실 생활의 연장이므로 계속 발전된 기술만을 요구하지 않으며 그렇게 할 수도 없다.

한옥의 대청마루는 여름에는 시원하지만 겨울에는 지내기 어렵다. 그렇다고 해서 이런 한옥을 두고 기술 수준이 낮다고 하지 않으며, 한옥은 계속 사용되고 또 계승된다. 한옥을 짓는 기술도 더 이상 발전하지 않는다. 그것은 낙후되었기 때문이 아니라 한옥의 기술이 이미 성숙했기 때문이다. 한옥의 전통적인 기술은 더 이상 발전하지 않으며, 그 기술 자체가 변하지 않는 고도의 문화 자산이다. 건축은 다른 기술처럼 첨단의 고도 기술을 사용한다. 그렇다고 해도 건축에는 현장에서 이루어지는 아주 원초적인 인간의 활동과 함께하는 기술이 많다.

첨단 기술만이 중요한 것은 아니다. 성숙한 사회가 필요로 하는 초고층을 만드는 기술은 첨단 기술이어도, 그 첨단 기술 하나만으로 초고층을 지을 수 있는 것은 아니다. 건축에는 첨단, 비첨단의 수많은 기술이 동원되어야 한다. 성숙한 기술이 무엇인지 주목하는 것이 훨씬 더 중요하다. '하이테크'는 미래를 향해 달리는 기술로 보이지만, 정작 미래 사회는 기술만이 주도하는 사회가 아니라, 성숙한 사회, 정상적인 사회, 지속 가능한 사회다. 그렇게 보면 하이테크 기술이 디자인과 어떻게 결합되는가는 이차적인 물음이다. 성숙한 사회에는 그에 맞는 건축과 도시를 만드는 기술이 필요하다. 성숙한 사회의 기술은 성장기 사회의 기술처럼 새로운 기술로 계속 바뀌는 것이 아니라, 이와는 반대로 변하지 않는 것을 변하지 않도록 해주고 인간 스스로를 되돌아보게 하는 기술, 이제까지 축적된 것 위에서 새것을 다시 쌓아가는 기술이 요구된다. 성숙기 사회의 건축 기술은 건축이 지나온 경로와 가치를 존중하는 기술이다.

다른 분야의 기술과 달리 건축 기술만이 가지는 특징은 '느슨한 임계성criticality'이다. 수많은 기술이 얽혀 있어서 어느 하나라도 문제를 일으키면 그 전체가 작동하지 못하는 로켓 기술은 임계성이 지극히 높다. 자동차나 컴퓨터는 성능과 기능으로 선택된다. 따라서 이러한 기계는 목적이 사라지거나 더 좋은 성능을 가진 다른 기계가 나타나면 이전의 것이 사라진다. 또한 그것을 구성하는 부품들이 아주 잘 들어맞아 있어서 일부가 성능을 발휘하지 못하면 그 전체를 사용할 수 없게 된다.

그러나 건축에 적용되는 기술은 로켓을 만드는 기술과 똑같을 수 없다. 건축물에서는 그것을 구성하는 일부 재료에 문제가 발생했다고 해서 전체가 작동하지 못하는 경우는 거의 없다. 건축물은 하나의 목적만을 수행하는 기계가 아니기 때문에, 한 요소에 문제가 생겨도 그것보다 못한 2차적이고 3차적인 수단으로 문제를 완화시킬 수 있다. 정확한 기술이 요구되는 오피스 공간은 고도의 공기조화 설비, IT에 대한 대응, 내진 구조 등을 갖추고 있어야 하지만, 기술적인 정밀성을 갖춘다고 해서 그것으로 좋은 건축 공간이 되는 것은 아니다. 건축은 성능만을 위해 긴밀한 부품으로 이루어진 기계가 아니며, 그 안에 인간이 살고 있다. 그래서 건축 기술은 임계성이 느슨하다.

건축의 '느슨한 임계성'은 로테크에서 오는 바가 많다. 로테크는 컴퓨터 등 고도의 첨단 기술과 관계없는 낮은 레벨의 공업 기술이며, 일상용품을 생산하는 데 많이 이용되는 기술을 가리킨다. 로테크란 단순하고 초보적이지만 확증된 기술이다. 그래서 로테크는 낮다고 하여 저급한 것이 아니라 수수하지만 많은 사람들과 공유할 수 있는 성숙한 기술을 말한다.

눈이 많은 지역이라면 눈이 지붕 위에 쌓이지 않도록 급한 경사지붕을 만든다든지, 고온다습한 지역이라면 차양을 깊이 설치하거나 마루로 통풍을 좋게 하는 것도 로테크에 해당한다. 건축물의 많은 부분은 다양한 기술의 기반이 되는 로테크로 되어 있다. 로테크 건축은 새로운 건자재와 기술에 의존하지 않고 성립하는 건축이며, 풍토를 이해하지 못하면 성립하지 않는 건축이다. 건축 기술은 첨단 기술과 함께 이와 같은 성숙한 기술, 로테크 기술을 포함하는 '큰 기술'이다.

렌초 피아노는 '뉴욕 타임스 빌딩The New York Times Building' 계획안에서 이렇게 말한 바 있다. "이 바는 파사드의 약 절반을 덮지만 창 부분은 제외했다. 이른 아침 푸르고 바람이 심하게 불 때는 조금 추운 듯한 색깔로, 해가 질 때는 따뜻한 색깔로. 나에게 이 건물이 매력적인 것은 건물이 생물처럼 말하는 것, 예를 들면 조금 전과 같이 하늘을 비춘다든지, 어떤 때는 부들부들 떠는 듯이 보인다든지, 휙휙 휘파람 소리를 내고 있는 듯이 느껴진다는 것이다." 피아노가 이 건물에서 시도하고 있는 바는 첨단 기술이 아니다. 지속 가능한 건축 기술은 건물을 생물로 만들어 환경에 가까워지고 친숙하게 하기 위한 것이다. 하늘을 비추고, 떠는 듯이 보이고, 휘파람 소리를 내는 것은 모두 '느슨한 임계성'에 속한다. 건축에서 첨단 기술의 최종적인 목적도 결국 사람이 사는 환경에 응답하는 '느슨한 임계성'을 위해 존재한다.

축소의 기술

20세기는 확대와 성장의 시대였으나, 21세기에는 이러한 것을 당연하고 바람직한 것으로 보지 않는다. 인구를 비롯하여 모든 것이 축소하기 때문이다. 출생율이 줄고 있는 것은 이미 세계적인 추세다. 사회가 풍부해지면 고령화와 함께 저출산이 일어난다. 교육비가 비싸지고 여성의 사회활동을 통해 자아 실현 욕구가 높아지면 저출산은 당연한 결과로 나타난다.

아이를 너무 적게 낳는 '저출산' 문제는 심각하다. 2017년 기준 우리나라의 출산율은 약 1.26명으로 OECD 국가에서 가장 낮다. 2020년부터는 인구가 급격히 줄어들어 국가성장률이 급격하게 저하되고, 70년 뒤에는 인구가 절반으로 줄어 120년 뒤에는 5분의 1로 급감한다고 한다. 심지어 2400년에는 인구가 부족해 부산이 없어지고, 다시 100년이 지나면 서울에서 한 명의 아기도 태어나지 않는다고 한다.[73] 건축과 도시의 가장 심각한 문제는 아름다운 도시를 만드는 데 있지 않고 인구가 축소하는 도시에 있다.

이산화탄소 가스 배출량의 감소를 위해서도 생산과 소비가 축소될 것이다. 선진국에서는 소비자의 욕구를 계속 불러일으키며 소비하게 만드는 사회에서 벗어나려 하고 있다. 이런 상황을 고려할 때 다양한 측면에서 '축소'는 가장 심각하고 중요한 개념이자 과제가 될 것이다. 도시와 건축의 계획 개념과 방향에 대한 전면적인 수정이 요구될 정도로 심각하다. 이 문제는 기술만으로 해결될 수 없다. 그러나 건축과 도시가 공학과 기술에도 근거하는 이상, 축소를 설계해야 하는 건축의 문제를 기술로 어떻게 대응할 것인가를 이제부터라도 탐구해가지 않으면 안 된다.

인구가 축소하면 스톡과 수요의 불균형이 생긴다. 빈집과 빈 땅이 생기고 지가가 내려가며, 지방 중소도시의 세수도 감소한다. 종래에 도시가 계속 성장할 것으로 보고 건설한 사회 기반 시설은 유지하기 어려워져 각지에 폐촌廢村, 폐시廢市가 속출할 것이다. 고령자가 많아지면 도시가 고령자 위주로 개편되고 젊은이를 겨냥한 시장은 축소될 것이다. 이런 상황에서 집으로 지어야 하는 건축은, 과연 어떤 건축물을 어떻게 지어야 하는가의 문제에 직면한다.

인구가 감소하는 정상화 사회에서는 종래의 계획 개념과는 다른 계획 원리가 필요하다. 종래의 도시계획은 덩어리를 가진 시스템으로 성립했다. 그러나 도시 형성의 전제가 크게 달라지면 그것은 계속 유효하지 않다. 지금까지 건축 시장은 도심을 중심으로 시가지나 교외가 확대되고, 도시에는 임대주택이나 공동주택, 업무·상업지, 산업용도지가 분포하며, 교외에는 독립주택을 배치하는 양적인 도시 구조를 전제로 했다.

그러나 이제부터는 양적으로 계속 성장하는 도시에서 질적인 충족을 중시하는 성숙한 도시로 변화할 것이다. 이것은 도시만이 아니라 건축 시장에서도 나타나는 현상이다. 이렇게 되면 공급자 위주에서 수요자 위주로 변화하고, 적지 않은 거주자와 사용자는 건축 스톡을 보전하고 활용하게 될 것이다. 이에 따라 설계 요구 조건을 명확하게 하는 과정에 참여하려는 요구가 늘어나고, 스스로 질 높은 공간을 실현하고자 하는 대량 개별화의 과정이 확대될 것이다.

대량생산하고 신축하며 신도시를 개발하던 시대 이후의 정상형 사회에서는, 도시 영역이 수축하고 건축이 노후해진 도시지역의 재생이 활발해질 것이다. 성장 시대에는 교육 환경이 문제되면 학교를 지었고, 교통 체증이 문제라면 도로를 만들어 해결했다. 그러나 축소형 사회에서는 지금의 자원을 유효하게 재생하는 관점에서 출발한다. 점차 정상형 사회의 건축이 성장형·개발형에서 축소형·재생형으로 바뀌면서 개발에서 개조로, 신축에서 개수와 수복으로, 신도시 개발에서 작은 도시 재생으로, 계획plan에서 경영management으로 변화하게 된다.

현대의 거대 도시는 모더니즘의 도시계획 수법으로 관리하기 어렵게 되고 있다. 도시를 장기적으로 유지하고 발전시키려면 각각의 지역과 현장에 대한 미시적인 배려를 바탕으로 다시 계획하지 않으면 안 된다. 그러려면 매일 생활하고 있는 지역의 건축적

인 모습으로 도시에 대응하는 접근 방법이 있어야 한다. 건축 논
의도 작은 스케일의 건물 주변부에 관심을 둠으로써 삶의 가치를
현재에서 충족해야 한다.

축소를 설계한다는 것은 무엇을 말하는 것일까? 이것을 말
해주는 가장 좋은 예는 뉴욕 하이라인The High Line 공원*이다. 뉴
욕시는 화물 운송을 위해 땅 위에 철로를 깔았으나 이것이 혼란
을 일으키자 땅에서 높이 떠 있는 공중 철로를 깔기로 결정했다.
이때 개통한 공중 철도는 화물 운송이 목적이었으므로 건물군의
가운데로 철로를 통과시켰다. 화물열차가 공장이나 창고 건물 사
이에서 물건을 운송하는 중요한 역할을 했다. 그러나 고속도로가
생기면서 화물트럭이 운송의 큰 역할을 하게 되자 철도 운송은 힘
을 잃었다. 그 뒤 약 20여 년 동안 고가철도는 방치되어 있었다.
그러자 폐가가 속출하고 다니지 않는 길은 풀로 뒤덮여서 결국 철
거하기로 결정했다. 이에 파리의 프롬나드 플랑테Promenade Plantée
처럼 철로를 보존하고 이를 도시 산책로가 있는 공중정원인 공원
으로 만들자는 제안이 받아들여져 새로운 형태의 뉴욕 하이라인
공원이 탄생되었다. 그리고 이 공원의 재생으로 주변 도시도 다시
살아났다. 폐기되어야 할 것이 오히려 도시를 재생할 수 있는 좋
은 기회가 된 것이다.

도시의 교통에는 대량 운송이 가능한 지하철이나 버스 같
은 교통수단이 있는가 하면, 도보도 있다. 도시 교통에는 이 두 가
지만 있지 않다. 도시에는 도보로 이동하기 어려운 좀 더 긴 거리
를 이동해야 하는 수요가 많아서, 대량 수송 교통과 도보 사이에
자전거, 장애인용 휠체어, 택시, 마을버스 등의 중간 교통이 있다.
도시가 확장할 때는 대량 운송 교통에만 관심을 두었다면, 축소
시대에는 이러한 중간 교통과 관련된 설계와 기술이 뒤따라야 한
다. 도시의 외곽으로 확장된 도시는 안으로 축소될 것이고, 철도
로 확장되던 지역계획은 반대로 철도역을 더 가깝게 놓음으로써
철도역과 도보로 가능한 도시의 재편이 계획될 것이다.

축소의 시대를 단적으로 표현한다면 비워진 땅과 집은 녹지

로 바뀌고, 녹지로 바뀐 땅은 농지로 바뀌며 도시 농업의 양상을 띠게 될 것이다. 이것이 축소의 설계 대상이고 해결책이다. 도시 재생, 지역을 위한 계획을 중시하는 것도 축소 시대에 축소를 설계하는 방식이다. 이러한 축소의 시대에서 건축이나 토목, 도시계획 등 계획의 대상과 영역을 분할하는 것은 더 이상 통용되지 않는다. 이것은 단지 전문가의 영역 구분에 지나지 않을 뿐이다. 앞으로의 건축설계는 도시의 다양한 측면에서 나타나는 '축소'를 설계하는 방식이 될 것이다. 그렇다면 건축 기술은 이제 건축물만의 기술이 아니라 이 전체를 아우르는 큰 기술이어야 한다.

주석

1   Stewart Brand, *The Clock of the Long Now: Time and Responsibility*,
     Basic Books, 1999.

2   DUNG NGO 지음, 김광현·봉일범 옮김, 『루이스 칸(Louis I. Kahn): 학생들과의
     대화』, 엠지에이치엔드맥그로우 한국 에프시에스사, 2001, 46쪽을 다시
     고친 것(Louis I. Kahn, *Louis Kahn: Conversations with Students Architecture
     at Rice)*, Princeton Architectural Press,1998, p. 38.

3   Kevin Lynch, *What Time Is This Place?*, The MIT Press, 1972.

4   Amos Rapoport, *House Form and Culture*, Pearson, 1969, p. 11(아모스 라포포트
     지음, 이규목 옮김, 『주거형태와 문화』, 열화당, 1985) 인용문 안에 있는 또 다른
     인용문은 G. Evelyn Hutchinson in S. Dillon Ri ley, ed., Knowledge Among
     Men, Smithsonian Institution Symposium, Simon and Schuster, 1966, p. 85.

5   Francis Strauven, 9. Place and Occasion-The Shape of Relativity,
     "The shape of the in-between", *Aldo van Eyck: The Shape of Relativity*,
     Architectura & Natura, 1998, p. 416.

6   Aldo van Eyck, *Writings, vol.2, Collected Articles and Other Writings*,
     Sun Publishers, 2008, p. 74.

7   Juhani Pallasmaa, "Architecture of the Seven Senses", *Questions of Perception:
     Phenomenology of Architecture*, A+U, 1994. 7, p. 31.

8   헬레나 노르베리 호지 지음, 양희승 옮김, 『오래된 미래』, 중앙북스, 2007.

9   http://minnanomirai-hoikuen.jp/

10   John Ruskin, *The Seven Lamps of Architecture*, Dover Publications,
     1989(1880), p. 178.

11   Luis Diego Quiros, Stefanie MaKenzie, Derek McMurray, *Enric Miralles:
     Architecture of Time*, http://www.quirpa.com/docs/architecture_of_time_
     enric_miralles.html

12   지크프리트 기디온 지음, 김경준 옮김, 『공간 시간 건축』, 시공문화사, 1998, 228쪽.

13   같은 책, 13쪽.

14   데이비드 하비 지음, 최병두·이상율·박규택 옮김, 『희망의 공간: 세계화,
     신체, 유토피아』, 한울, 2009.

15   레온 크라이츠먼 지음, 한상진 옮김, 『24시간 사회』, 민음사, 2001.

16   배영달, 「폴 비릴리오: 속도와 현대세계」, 프랑스문화연구 제20집,
     2010, 164쪽에서 재인용.

17   배영달, 「폴 비릴리오: 속도와 현대세계」, 프랑스문화연구 제20집, 2010, 166쪽.

18   18 폴 비릴리오, 과잉 노출의 도시, K. 마이클 헤이즈 편, 봉일범 옮김, 『1960년대 이후의 건축이론』, Spacetime, 2003, 724-735쪽. 또는 The Overexposed City, Neil Leach(ed.), *Rethinking Architecture. A Reader in Cultural Theory*, London: Routledge, 1997, pp. 381-390.

19   Winy Maas, *Five Minutes City*, Architecture and (im)mobility Forum & Workshop Rotterdam 2002, 2003, pp. 6-7.

20   Peter Bishop & Lesley Williams, *The Temporary City*, Routledge, 2012.

21   Simon Unwin, "Temples and Cottages", *Analysing Architecture*, Routledge, 2003, pp. 109-122.

22   黒川紀章, 行動建築論―メタボリズムの美学, 彰国社, 1972, p. 11.

23   같은 책, p. 84.

24   같은 책, pp. 62-84.

25   Mohsen Mostafavi, David Leatherbarrow, *On Weathering: The Life of Buildings in Time*, The MIT Press, 1993.

26   같은 책, 1993, p. 103.

27   같은 책, 1993, pp. 112-116.

28   加藤耕一, 時がつくる建築: リノベーションの西洋建築史, 東京大学出版会, 2017, pp. 24-28.

29   녹색성장이란 토지를 이용할 때 공동체나 지역 환경의 개발과 관련하고, 도시계획, 건축, 공동체 건물 등을 포함하여 '에너지·환경 관련 기술과 산업' 등에서 미래 유망 품목과 신기술을 개발하고, 기존 산업과 융합하면서 새로운 성장 동력을 얻는 것을 말한다.

30   広井良典 編著, 『「環境と福祉」の統合』, 有斐閣., 2008. 히로이 요시노리 (廣井良典)의 용어.

31   레스터 브라운의 이 말은 "대지를 잘 돌보라. 우리는 대지를 조상들로부터 물려받은 것이 아니다. 우리의 아이들로부터 잠시 빌린 것이다."라는 인디언의 격언에서 가져온 것이다.

32   "Technology is nothing. What's important is that you have a faith in people, that they're basically good and smart, and if you give them tools, they'll do wonderful things with them."

33   Alessandra Latour(ed.), 'Monumentality', *Louis I. Kahn: Writings, Lectures, Interviews*, Rizzoli International Publications, 1991, p. 18.

34   Peter Rice, *An Engineer Imagines*, Artemis, 1994, p. 70.

35   Konrad Wachsmann, *The Turning Point of Building: Structure and Design*, 서문, Reinhold Pub., 1961.

36   フランク・ロイド・ライト(著), 谷川正己, 谷川睦子(訳), ライトの建築論, 彰国社,
        1970, pp. 26, 27, 29(Frank Lloyd Wright, *An American Architecture*,
        Horizon Press, 1969; 애드가 카우프먼 편, 『라이트의 건축론』, 대우출판사, 1985).

37   Le Corbusier, *Aircraft*, The Studio Publications Inc (1935)의 삽화 18번.

38   藤沢市秋葉台文化体育館.

39   SD(スペースデザイン) 8601, 特集 槇文彦 1979-1986, 鹿島出版会

40   Colin Rowe, "Chicago Frame", *The Mathematics of the Ideal Villa and
        Other Essays*, The MIT Press, 1976, p. 90.

41   Alan Colquhoun, 'Symbolic and Literal Aspects of Technology', *Essays in
        Architectural Criticism: Modern Architecture and Historical Change*,
        The MIT Press, 1985, pp. 26-30.

42   Le Corbusier, *Vers une architecture*, Editions Flammarion, 1995(1923), p. 3.

43   같은 책, 1995(1923), p. 3.

44   Reyner Banham, '17: Ver une Architecture', *Theory and Design
        in the First Machine Age*, Architectural Press, 1970, pp. 220-246.

45   Miguel Gausa, 'Dynamic Time, Informal Order, Interdisciplinary Trajectories:
        Space-Time-Information and New Architecture', Bernard Leupen, Rene Heijne,
        Jasper van Zwol(eds). *Time−based Architecture*, 010Publishers, 2005, pp. 68-75.
        이것을 바탕으로 고전건축과 근대건축 그리고 현대건축의 여러 개념을
        비교한 표가 있다. *The metapolis dictionary of advanced architecture*,
        Actar, 2003, p. 626.

46   DVD 'Mies van der Rohe', directed by Joseph Hiller, 2004,
        selling agency IMAGICA.

47   http://zeitgeist.jp/en/mies-van-der-rohe-petrol-station/

48   프리츠 노이마이어 지음, 김영철·김무열 옮김, 『꾸밈없는 언어:
        미스 반 데어 로에의 건축』, 동녘, 2009, 367쪽.

49   같은 책, 484-485쪽. 아주 짧은 문장이다. 인터넷에서 『Technology and
        Architecture』(1950) pdf 파일을 쉽게 얻을 수 있다.

50   같은 책, 12쪽.

51   Reyner Banham, *Theory and Design in the First Machine Age*,
        The MIT Press, 1960.

52   Martin Pawley, *Theory and Design in the Second Machine Age*,
        Blackwell Pub; Edition Unstated edition, 1990.

53   Reyner Banham, *The Architecture of the Well−Tempered Environment*,
        The University of Chicago Press, 1969.

54   Ian Abley, James Heartfield, *Sustaining Architecture in the Anti-Machine Age*, Wiley-Academy, 2001.

55   철과 유리에 대한 건축의장적 논의는 안드레아 디플라제스Andrea Deplazes(ed.), 삼우종합건축사사무소 옮김, 『설계자 및 시공자를 위한 건축설계 시공핸드북』 「왜 철제인가?」, Spacetime, 2008, 113-119쪽과, 같은 책 「유리-결정, 무정형」, 147-150쪽을 꼭 읽을 것(Andrea Deplazes ed., *Constructing Architecture: Materials, Processes, Structures; a Handbook*, Birkhauser Verlag AG, 2008).

56   Franz Schulze, *Mies van der Rohe: A Critical Biography*, University of Chicago Press, 1985, p. 100에서 재인용.

57   안드레아 디플라제스, 삼우종합건축사사무소 옮김, 「설계자 및 시공자를 위한 건축설계 시공핸드북」, Spacetime, 2008, p. 56(Andrea Deplazes ed., *Constructing Architecture: Materials, Processes, Structures; a Handbook*, Birkhauser Verlag AG, 2008).

58   노출 콘크리트에 대한 건축의장적 논의는 위와 같은 책, 56-59쪽을 꼭 읽을 것(Andrea Deplazes ed., *Constructing Architecture: Materials, Processes, Structures; a Handbook*, Birkhauser Verlag AG, 2008).

59   Air Conditioning, *The Harvard Design School Guide to Shopping : Harvard Design School Project on the City 2*, Taschen, 2002, pp. 93-128. 또는 "elevator", "escalator", Elements Box Edition, Box edition, Marsilio, 2014.

60   Escalator, *The Harvard Design School Guide to Shopping : Harvard Design School Project on the City 2*, Taschen, 2002, pp. 337-366.

61   Kenneth Frampton, Modern Architecture: A Critical History, Thames & Hudson, 1992, p. 281

62   이 말은 디자인 저널리스트인 조안 크론(Joan Kron)과 수잔 슬레신(Suzanne Slesin)의 책 『하이테크: 집을 위한 산업적 스타일과 소스 북High-Tech: The Industrial Style and Source Book For the Home』(1984)에서 나왔다.

63   Edward R. Ford, The Details of Modern Architecture 2, Vol. 2: 1928 to 1988, The MIT Press, 1996, p. 192.

64   Alessandra Latour(ed.), "How to Develop New Methods of Construction", *Louis I. Kahn: Writings, Lectures, Interviews*, Rizzoli International Publications, 1991, p. 57.

65   Thomas Leslie, *Louis I. Kahn: Building Art and Building Science*, George Braziller, 2005, pp. 59-62.

66   같은 책, pp. 78, 80.

67   Reyner Banham, *Theory and Design in the First Machine Age*, Architectural Press, 1970, pp. 325-326.

68 벅민스터 풀러 지음, 마리 오 옮김, 『우주선 지구호 사용설명서』, 앨피, 2007.

69 '大量生産で建設する', ル・コルビュジェ, 山口知之(訳), エスプリ・ヌーヴォ ー[近代建築名鑑] (SD選書), 鹿島出版会, 1980, p. 95(Almanach d'Architecture Moderne, Editions Georges Crès, 1926)

70 CLASP=Consortium of Local Authorities Special Programme, 1957년 영국 노팅엄셔(Nottinghamshire)를 중심으로 결성된 발주공동체의 명칭이었으나, 이곳에서 개발된 공업화 빌딩 시스템으로 명칭으로 사용되었다.

71 山本学治, 稲葉武司, 巨匠ミースの遺産, 彰国社, 1970, p. 46

72 리처드 로저스 지음, 필립 구무치안 편집, 이병연 옮김, 『도시 르네상스』, 이후, 2005(Richard Rogers, *Cities For A Small Planet*, Basic Books, 1998)

73 정경 뉴스 2015.07.06(184호). http://www.mjknews.com/news/ articleView.html?idxno=59499

도판 출처

엘 리시츠키의 레닌 연설단 ⓒ Wikimedia Commons

자신이 만든 비행기에 매달린 블라드미르 타틀린 ⓒ http://acravan.blogspot.kr/2010/09/labor-day-vladimir-tatlin-1885-1953.html

빅토르와 레오니트 베스닌 형제의 레닌그라드 프라우다 계획 ⓒ file:///C:/Users/kkh/Downloads/23450%20.pdf

시간거리지도 ⓒ http://news.donga.com/3/all/20040923/8110482/1

안토니오 산텔리아가 그린 신도시 ⓒ http://www.artwave.it/architettura/progettisti/antonio-santelia-larchitettura-futurista/

투탕카멘의 묘 ⓒ http://seethrumag.com/new-scans-reveal-undiscovered-secret-chambers-in-tutankhamuns-tomb/

헤릿 릿펠트의 슈뢰더 주택 ⓒ https://magazine.designbest.com/en/design-culture/places/schroder-house-in-utrecht-de-stijl/

마라케시의 제마 엘프나 광장 ⓒ Boris Macek/ Wikimedia Commons

카를로 스카르파의 베로나 국민은행 ⓒ 김광현

수정궁 ⓒ https://www.missedinhistory.com/podcasts/paxtons-crystal-palace.htm

스베레 펜의 헤드마르크 박물관 ⓒ 김광현

미스 반 데어 로에의 에소 주유소 ⓒ https://thekarllohnesdaily.com/tag/gas-station/

네바다 사막의 실험 공동체 ⓒ https://thump.vice.com/en_us/article/3deqzb/burning-mans-ceo-on-how-edm-and-the-state-of-nevada-are-playa-party-poopers

미랄레스와 피노스의 이구알라다 묘지 ⓒ 김광현

후지사와시 체육관 ⓒ Waka77/ Wikimedia Commons

뉴욕 하이라인 ⓒ https://www.inthenewyork.com/en/nyc-parks

노먼 포스터의 르노 배송센터 ⓒ https://www.architectsjournal.co.uk/home/norman-foster-hails-conversion-of-his-renault-building-into-kids-play-centre/8678338.article